**Fouad Soliman**
**Karima Mahmoud**

# O mundo da fotónica

Fouad Soliman
Karima Mahmoud

# O mundo da fotónica

ScienciaScripts

**Imprint**

Any brand names and product names mentioned in this book are subject to trademark, brand or patent protection and are trademarks or registered trademarks of their respective holders. The use of brand names, product names, common names, trade names, product descriptions etc. even without a particular marking in this work is in no way to be construed to mean that such names may be regarded as unrestricted in respect of trademark and brand protection legislation and could thus be used by anyone.

Cover image: www.ingimage.com

This book is a translation from the original published under ISBN 978-620-7-46794-5.

Publisher:
Sciencia Scripts
is a trademark of
Dodo Books Indian Ocean Ltd. and OmniScriptum S.R.L publishing group

120 High Road, East Finchley, London, N2 9ED, United Kingdom
Str. Armeneasca 28/1, office 1, Chisinau MD-2012, Republic of Moldova, Europe
Printed at: see last page
ISBN: 978-620-7-93358-7

# Conteúdo

Sobre os autores

## Dr. Eng. Fouad A. S. Soliman
## Prof. de Engenharia Eletrónica e de Computadores, Nuclear Materials Authority, Cairo, Egipto.

**Membro do Conselho Editorial de:**
- Progress in Photovoltaic, "Research and Applications", John Wiley and Sons, Reino Unido, desde 1993,
- Periódicos da Associação para o Avanço das Técnicas de Modelação e Simulação, AMSE, Lune, França,
- Revista Internacional de Ciência da Computação e Aplicações de Engenharia (IJCSEA).

**Membro de:**
- Associação Americana para o Avanço das Ciências, N.Y., E.U.A,
- Academia de Ciências de Nova Iorque, Nova Iorque, E.U.A.

**Escolhido para:**
- Who's Who in the World, A.N. Marquis, N.J., U. S. A.
- Outstanding People of the 20th Century, International Biographical Center of Cambridge, Inglaterra.

**Ensino nas universidades**
- Ensino dos estudantes de pós-graduação nas universidades egípcias.

**Publicações e supervisão de M.Sc. e Ph.D.**

**Artigos e teses supervisionadas**
- Cerca de 200


**Livros:**

[1] . Fouad A. S. Soliman, "A Novel Look on the world of Nanotechnology for Today and Future", livro publicado, Lambert Academic Publishing, Omni- Scriptum GmbH and Co. KG, fevereiro de 2016, ISBN 978-3-659-83496-7.

[2] . F. A. S. Soliman, "Energy and the Future of Civilizations", Livro Publicado, Lambert Academic Publishing, Omni-Scriptum GmbH and Co. KG, abril de 2016. ISBN 978-3-659-88129-9.

[3] . F. A. S. Soliman, "Characterization, Simulation, Applications, Deployment and Economics of Solar Energy", Lambert Academic Publishing, LAP, Saarbrücken, Alemanha, maio de 2016. ISBN 978-3-659-89387-2.

[4] . Fouad A. S. Soliman e Hoda A. Ashry," Role of the Nuclear Technology on Human Daily Life", Livro publicado, Lambert Academic Publishing, Omni-Scriptum GmbH and Co. KG, maio de 2016. ISBN 978-3-659-90461-5.

[5] . Fouad A. S. Soliman, Safaa M. R. El-ghanam e Ashraf M. Abdel-Maksoud, "Impact of Outer Space Environment on Electronic Devices and Systems", Livro publicado, Lambert Academic Publishing, Omni-Scriptum GmbH and Co. KG, julho de 2016. ISBN: 978-3-659-93044-7

[6] . H. A. Ashry, Fouad A. S. Soliman e S. A. Kamh, "Nuclear Technology: Future Generation, Protection and Monitoring", Livro Publicado, Lambert Academic Publishing, Omni-Scriptum GmbH and Co. KG, agosto de 2016. ISBN: 978-3-659-93921-1

[7] . Fouad. A.S. Soliman, "Agriculture in Remote Areas Based on Solar Energy", Livro Publicado, Lambert Academic Publishing, Omni-Scriptum GmbH & Co. KG, Sept. 2016. ISBN: 978-3-659-95267-8

[8] . Fouad A. S. Soliman, " Solar-Wind Hybrid Renewable Energy for Sustainable Agriculture", Livro publicado, Lambert Academic Publishing, Omni- Scriptum GmbH and

Co. KG, outubro, 2016, Número: 145917 ISBN: 978-3-659-96384-1

[9] . Fouad A. S. Soliman, **High Voltage Transmission Lines: Importance, Maintenance and Risks",** Livro Publicado, Lambert Academic Publishing, Omni- Scriptum GmbH and Co. KG, novembro, 2016, Número:147937, ISBN: 978-3-330-00309-5.

[10]. **Hoda A. Ashry e** Fouad A. S. Soliman, **Técnicas Analíticas Nucleares e Ciências Modernas,** Livro Publicado, Lambert Academic Publishing, Omni- Scriptum GmbH and Co. KG, dezembro, 2016, N.º : 149558, ISBN: 978-3-330-01772-6.

[11]. Fouad A. S. Soliman, **Energia: História, Definições, Formas, Transformação e Aplicações,** Livro Publicado, Lambert Academic Publishing, Omni- Scriptum GmbH and Co. KG, janeiro de 2017.
ISBN: 978-3-330-02939-2.

[12]. Fouad A. S. Soliman, **All About Nuclear Materials, Livro publicado,** Lambert Academic Publishing, Omni- Scriptum GmbH and Co. KG, 2017. ID do projeto (150859) ISBN:978-3-330-03643-7.

[13]. Fouad A. S. Soliman e **Hoda A. Ashry, Focus on the Treasures of the Earth,** livro publicado, Lambert Academic Publishing, Omni-Scriptum GmbH and Co. KG, fevereiro de 2017.
ISBN: 978-3-659-85407-1.

[14]. Fouad A. S. Soliman, **Geothermal Energy Technology,** Livro Publicado, Lambert Academic Publishing, Omni-Scriptum GmbH and Co., KG., maio de 2017.
ISBN: 978-3-330-31808-3.

[15]. Fouad A. S. Soliman, **Tecnologia de Energia Marinha e Futuro da Energia,** Livro Publicado, Lambert Academic Publishing, Omni-Scriptum GmbH e Co. KG, junho de 2017.
ISBN: 978-3-330-32467-1.

[16]. Fouad A. S. Soliman e **Hoda A. Ashry, Atomic Batteries: the Easy Energy for Tomorrow", Livro publicado,** Lambert Academic Publishing, Omni- Scriptum GmbH and Co. KG, julho de 2017.
ISBN:978-3-330-35308-4.

[17]. Fouad A. S. Soliman e **Hoda A. Ashry, Evolução da radiação sincrotrónica and its Importance",** Livro Publicado, Lambert Academic Publishing, Omni- Scriptum GmbH and Co. KG, agosto de 2017.
ISBN: 978-620-2-01385-7

[18]. Fouad A. S. Soliman, **"Mechatronics: Engenharia Multidisciplinar",** Livro Publicado, Lambert Academic Publishing, Omni- Scriptum, GmbH and Co. KG, agosto de 2017.
ISBN: 978-620-0-43740-2.

[19]. Fouad A. S. Solimna e **Hoda A. Ashry, "Gold and Silver Recovery from Electronic Waste", Recuperação de Ouro e Prata de Resíduos Electrónicos",** Livro Publicado Lambert Academic Publishing, Omni-Scriptum GmbH and Co. KG, Set. 2017. ISBN: 978-620-2-04988-7.

[20]. Fouad A. S. Soliman, **Amira A El-laboudi, e Manal Mahdi, "Harvesting Energy and Future Human Needs",** Livro Publicado, Lambert Academic Publishing, Omni-Scriptum GmbH and Co. KG, novembro de 2017.
ISBN: 978-620-2-07981-5.

[21]. **Hoda A. Ashry e** Fouad A. S. Soliman, **"World of Neurons",** livro publicado, Lambert Academic Publishing, Omni- Scriptum GmbH and Co. KG, janeiro de 2018. ISBN: 978-613-4-97714-2.

[22]. Fouad A. S. Soliman, **"Role of Engineering in Therapy",** Livro publicado Lambert Academic Publishing, Omni- Scriptum GmbH and Co. KG, abril de 2018.
ISBN: 978-613-9-58735-3.

[23]. Fouad A. S. Soliman, **"Novas Tendências na Exploração de Tesouros Terrestres",** Livro Publicado, Lambert Academic Publishing, Omni- Scriptum GmbH & Co. KG, Nov.

2019. ISBN: 978-620-0-46469-9.

[24]. Fouad A. S. Soliman, "Energia: Recursos, Derivados, Sustentabilidade e Desenvolvimento", Livro Publicado Lambert Academic Publishing, Omni-Scriptum GmbH and Co. KG, dezembro de 2019.

[25]. Fouad A. S. Soliman e Hamed I. E. Mira, "Nuclear Power: History, Materials, Economics and Future", Livro publicado Lambert Academic Publishing, Omni- Scriptum GmbH and Co. KG, janeiro de 2020.
ISBN: 978-620-0-46407-1.

[26]. Fouad A. S. Soliman, "Renewable Energy and the Future of Human Life", Livro Publicado. Lambert Academic Publishing. Omni-Scriptum GmbH e Co.KG, fevereiro de 2020. ISBN: 978-620-0-53632-7.

[27]. Fouad A. S. Soliman, Safaa M. R. El-ghanam, e Ashraf M. Abdel-maksoud, "Impacto Ambiental da Indústria Energética", Livro Publicado Lambert Academic Publishing, Omni-Scriptum GmbH and Co. KG, fevereiro de 2020.
ISBN: 978-620-0-57165-6.

[28]. Fouad A. S. Soliman, e Amira Abdel-Magid, "Projections, Developments and Exploitations of Renewable Energy Resources" Livro publicado, Lambert Academic Publishing, Omni-Scriptum GmbH and Co. KG, março de 2020.
ISBN: 978-620-065158-7.

[29]. Fouad A. A. Soliman, e Wafaa Abd El-Basit, "Smart Photovoltaic Technologies and the Future of Energy", Livro Publicado, Lambert Academic Publishing, Omni Scriptum GmbH and Co. KG, março de 2020.
ISBN: 978-620-251267-1.

[30]. Fouad A. S. Soliman, and Sanaa A. Kamh", Open Source Hardware Technology, Livro Publicado, Lambert Academic Publishing, Omni- Scriptum GmbH and Co. KG, abril de 2020.
ISBN: 978-620-2-51639-6.

[31]. Fouad A. S. Soliman, "Renewable Energy Technologies for Salt Water Desalination", Livro Publicado, Lambert Academic Publishing, Omni-Scriptum GmbH and Co. KG, maio de 2020.
ISBN: 978-620-2-52159-8.

[32]. Fouad A. S. Soliman, " New Trends in Renewable Energy for Humanity Benefits", Livro Publicado, Lambert Academic Publishing, Omni-Scriptum GmbH and Co. KG, maio de 2020.
ISBN: 978-620-2-51887-1.

[33]. Fouad A. S. Soliman, e Ashraf M. Abdel-maksoud, "Energy Storage, Transmission and Monitoring", Livro Publicado, Lambert Academic Publishing, Omni- Scriptum GmbH and Co. KG, maio de 2020.
ISBN: 978-6213-94971-2

[34]. Fouad S. S. Soliman, "Climate Effects on PV-Systems and their Maintenance and Recycling", Livro publicado, Lambert Academic Publishing, Omni-Scriptum GmbH and Co. KG, junho de 2020.
ISBN: 978-620-2-56451-9.

[35]. Fouad A. S. Soliman e Hamed I. E. Mira, "Drones: The Future of Unmanned Aerial Vehicles", livro publicado Lambert Academic Publishing, Omni-Scriptum GmbH and Co. KG, junho de 2020.
ISBN: 978-620-2-66811-8.

[36]. Fouad A. S. Soliman, "Airborne Geophysical & Remote Sensing Based on Drone Aircrafts", livro publicado, Lambert Academic Publishing, Omni-Scriptum GmbH and Co. KG, julho de 2020.
ISBN: 978-620-2-67331-0.

[37]. Fouad A. S. Soliman, e Safaa M. El-ghanam "The World of Renewable Energy

**Technologies",** Livro Publicado, Lambert Academic Publishing, Omni-Scriptum GmbH and Co. KG, agosto de 2020.
ISBN: 978-620-2-68432-3.

[38]. Fouad A. S. Soliman, and **Ashraf M. Abedel-maksoud", Technologies of Stand-alone and Distributed Energy Systems",** Livro publicado, Lambert Academic Publishing, Omni-Scriptum GmbH and Co. KG, setembro de 2020.
ISBN: 978-620-0-50455-6.

[39]. Fouad A. S. Soliman, **"A Novel and Efficient Aerial Techniques for UXO Detection",** livro publicado, Lambert Academic Publishing, Omni-Scriptum GmbH and Co. KG, setembro de 2020.
ISBN: 978-620-2-79934-8

[40]. Fouad A. S. Soliman, e **Ashraf M. Abedel-maksoud, "Technology and Future of Nano-fluids",** Livro Publicado, Lambert Academic Publishing, Omni-Scriptum GmbH and Co. KG, setembro de 2020.
ISBN: 978-620-2-80132-4.

[41]. Fouad A. S. Soliman, e **Safaa M. El-ghanam,** "New Trends in the Generation, Conversion, Transmission and Storing of Energy", **Livro publicado, Lambert Academic Publicação, Omni-Scriptum GmbH e Co. KG, outubro de 2020.**
ISBN: 978-620-2-80878-1.

[42]. Fouad A. S. Soliman, **"Remote Monitoring, Net Metering, Fault Detection and Predictive Maintenance of Electrical Power Systems"** Livro publicado, Lambert Academic Publishing, Omni-Scriptum GmbH and Co. KG, outubro de 2020.
ISBN: 978-3-330-06474-4.

[43]. Fouad A. S. Soliman, **A. A. Abu Talib e Doaa H. Hanafy, "PV Shockley-Queasier, Maximum Power, Green Houses and Rooftop Stations",** Livro Publicado, Lambert Academic Publishing, Omni-Scriptum GmbH and Co. KG, outubro de 2020.
ISBN: 978-620-2.92085-8.

[44]. Fouad A. S. Soliman, **Wafaa A. Zekri, Soha Abel-Azeim, "Impacto Ambiental da Produção, Transmissão e Indústria de Eletricidade",** Livro Publicado, Lambert Academic Publishing, Omni-Scriptum GmbH and Co. KG, novembro de 2020.
ISBN: 978-620-3-02581-1.

[45]. Fouad A. S. Soliman, e **Safaa R. El-ghanam, "Future Energy Development",** Livro Publicado, Lambert Academic Publishing, Omni-Scriptum GmbH and Co. KG, novembro de 2020.
ISBN: 978-620-3-041132.

[46]. Fouad A. S. Soliman e **Hamed I. E. Mira, "For More Efficient Solar Energy Applications",** Livro publicado Lambert Academic Publishing, Omni-Scriptum GmbH and Co. KG, dezembro de 2020.
ISBN: 978-620-801002.

[47]. Fouad A. S. Soliman, e **Sanaa A. Kamh,** "New Trends in Micro-and Hybrid-Energy Grids", Livro Publicado, Lambert Academic **Publishing,** Omni-Scriptum GmbH and Co. KG, dezembro de 2020.
ISBN: 978-620-2-92022-3.

[48]. Fouad A. S. Soliman, **"Trends in Renewable Energy Resources Gridding",** Livro publicado Lambert Academic Publishing, Omni-Scriptum GmbH and Co. KG, janeiro de 2021. ISBN: 978-620-3-30339-1.

[49]. Fouad A. S. Soliman, e **Wafaa Abdel Basit Zekri, "Gridding of Smart Solar Energy Systems",** Livro publicado, Lambert Academic Publishing, Omni-Scriptum, GmbH and Co., K.G. março de 2021.
ISBN: 978-620-3-46312-5.

[50]. Fouad A. S. Soliman e **Safaa R. El-ghanam, "New Trends in Photovoltaic System",** livro publicado, Lambert Academic Publishing, Omni-Scriptum GmbH and Co., K.G.,

dezembro de 2020.
ISBN: 978-620-3-47075-8.
[51]. Fouad A. S. Soliman, "Automatic Monitoring of PV-Systems", Livro publicado Lambert Academic Publishing, Omni-Scriptum GmbH and Co. KG, Sept. 2021.
ISBN: 978-620-3-58196-6.
[52]. Fouad A. S. Soliman, e Ashraf M. Abedel-maksoud, "Marine Power : the Future of Renewable Energy, Livro Publicado, Lambert Academic Publishing, Omni-Scriptum GmbH and Co. KG, novembro de 2021.
ISBN: 978-620-4-71792-0163.
[53]. Fouad A. S. Soliman, "Carbon Capture and Sequestration", Livro publicado Lambert Academic Publishing, Omni-Scriptum GmbH and Co. KG, novembro de 2021.
ISBN: 978-620-4-72561-1163.
[54]. Fouad A. S. Soliman, e Hoda A. Ashry, "Role of Electronics and Computer Sciences on Energy Medicine", Livro publicado Lambert Academic Publishing, Omni-Scriptum GmbH and Co. KG, novembro de 2021.
ISBN: 978-620-4-727387.
[55]. Fouad A. S. Soliman, e Nehal Abou-el fotoh Ali, "Future Challenges of Electronics Based on Piezoelectric", Livro publicado Lambert Academic Publishing Omni-Scriptum GmbH and Co. KG, dezembro de 2021.
ISBN: 978-620-4-70844.
[56]. Fouad A. S. Soliman, Ayman H. Shanash e Nehal Abou-el fotoh Ali, "Sustainale Energy for Human Safety and Luxury", Livro publicado Lambert Academic Publishing, Omni-Scriptum GmbH and Co. KG, janeiro de 2022.
ISBN: 978-620-4-73029-1163.
[57]. Fouad A. S. Soliman, e Nehal Abou-el fotoh Ali, "World of Osmotic Phenomenon", Livro publicado Lambert Academic Publishing, Omni-Scriptum GmbH & Co. KG, janeiro de 2021.
ISBN: 978-620-4-73327-2164.
[58]. Fouad A. S. Soliman, Ayman H. Shanash & Nehal Abou-el fotoh Ali, "A Deep Insight into the Future of Energy, Published Book Lambert Academic Publishing, Omni-Scriptum GmbH and Co. KG, janeiro de 2022.
ISBN: 978-620-4-73472-9164.
[59]. Fouad A. S. Soliman, Ayman H. Shanash e Nehal Abou-el fotoh Ali, "Transitioning from Fossil Fuels to Renewable Energy", Published Book Lambert Academic. Publishing, Omni-Scriptum GmbH and Co. KG, fevereiro de 2022.
ISBN: 978-620-4-74114-7164.
[60]. Fouad A. S. Soliman, Ayman H. Shanash e Nehal Abou-el fotoh Ali, "Ocean Thermal Energy Conversion", Livro publicado Lambert Academic Publishing, Omni-Scriptum GmbH and Co. KG, fevereiro de 2022.
ISBN: 978-620-4-74278-61.
[61]. Fouad A. S. Soliman, Ayman H. Shanash e Nehal Abou-el fotoh Ali, "The Rapid Movement towards Clean Green World", Published Book Lambert Academic. Publishing, Omni-Scriptum GmbH and Co. KG, fevereiro de 2022.
ISBN: 9786-204-745 183.
[62]. Fouad A. S. Soliman, Ayman H. Shanash e Nehal Abou-el fotoh Ali, "Renewable Energy Systems Engineering", Livro publicado Lambert Academic Publishing, Omni-Scriptum GmbH and Co. KG, fevereiro de 2022.
ISBN: 978-620-4-74716-3.
[63]. Fouad A. S. Soliman, Ayman H. Shanash e Nehal Abou-el fotoh Ali, "From A - To Z-about Renewable Energy", Livro publicado Lambert Academic Publishing, Omni-Scriptum GmbH and Co. KG, março de 2022.
ISBN: 9786-202-053099.

[64]. Fouad A. S. Soliman, Hamed I. E. Mira e Nehal Abou-el fotoh Ali, "Steps on the Way of Energy Future and Conservation", Livro publicado Lambert Academic Publishing, Omni-Scriptum GmbH and Co. KG, março de 2022.
ISBN: 9786-139-448388.

[65]. Fouad A. S. Soliman, Nehal Abou-el fotoh Ali & Karima A. Mahmoud, "Engenharia e Vida Inteligente Confortável", Livro Publicado Lambert Academic Publishing, Omni- Scriptum GmbH e Co. KG, março de 2022.
ISBN: 978-620-0-24999-91.

[66]. Fouad A. S. Soliman, Hoda A. Ashry e Nehal Abou-el fotoh Ali, "World of Fuel Cells", Livro publicado Lambert Academic Publishing, Omni-Scriptum GmbH and Co. KG, abril de 2022.
ISBN: 978-620-4-74855-91.

[67]. Fouad A. S. Soliman, Nehal Abou-el fotoh Ali e Wafaa A. Zekri, "Photovoltaic Systems Engineering", Livro publicado Lambert Academic Publishing, Omni-Scriptum GmbH and Co. KG, abril de 2022.
ISBN: 978-620-4-74893-11.

[68]. Fouad A. S. Soliman, Amira A. Abo-talib e Doaa H. Hanafy, " Role of Electronic Engineering on Automotive and Mechanic Science, Published Book Lambert Academic Publishing, Omni-Scriptum, GmbH and Co. KG, maio de 2022.
ISBN: 978-620-4-75130-61.

[69]. Fouad A. S. Soliman, Nihal Abou-alfotoh Ali," Nano-fiber: O Futuro dos Materiais", Livro Publicado Lambert Academic Publishing, Omni-Scriptum, GmbH and Co. KG, maio de 2022.
ISBN: 978-620-4-95505-616.

[70]. Fouad A. S. Soliman, Sanaa A. Kamh e Doaa H. Hanafy, "The Brilliant Future of Lithium in Energy Storage", livro publicado Lambert Academic Publishing, Omni-Scriptum, GmbH and Co. KG, maio de 2022.
ISBN: 978-620-4-98014-0165519.

[71]. Fouad A. S. Soliman, e Hamed I. E. Mira, "Stereo Microscope: the Nano-imaging Tool of Future", Livro publicado Lambert Academic Publishing, Omni-Scriptum, GmbH and Co. KG, maio de 2022.
ISBN: 978-620-5489-406.

[72]. Fouad A. S. Soliman, Amira A. Abo-talib El-laboudi e Karima A. Mahmoud, "Future of Energy Hybrid Technologies", Livro publicado Lambert Academic Publishing, Omni-Scriptum, GmbH and Co. KG, maio de 2022.
ISBN: 978-620-5489-406.

[73]. Fouad A. S. Soliman, Wafaa Abdel-basit Zekri e Karima A. Mahmoud, "The Brilliant Future of Digital Imaging", Livro publicado Lambert Academic Publishing, Omni-Scriptum, GmbH and Co. KG, agosto de 2022.
ISBN: 978-6205-4956-12.

[74]. Fouad A. S. Soliman, "Future of Interdisciplinary Sciences", Livro publicado Lambert Academic Publishing, Omni-Scriptum, GmbH and Co. KG, outubro de 2022. ISBN: 978-620-5-50245-71.

[75]. Fouad A. S. Soliman e Karima A. Mahmoud, "Fewer Losses on Renewable Energy Generation and Applications", Livro publicado Lambert Academic Publishing, Omni-Scriptum, GmbH and Co. KG, outubro de 2022.
ISBN: 978-620-4-980669.

[76]. Fouad A. S. Soliman, Amira Abou-talib El-laboudi e Doaa H. Hassan, "Food Energy", Livro publicado, Lambert Academic Publishing, Omni-Scriptum, GmbH and Co. KG, outubro de 2022.
ISBN: 978-620-5-50995-116.

[77]. Fouad A. S. Soliman, Wafaa Abdel-basit Zekri & Karima A. Mahmoud," The

**Brilliant World of Graphene",** Livro publicado Lambert Academic Publishing, Omi-Scriptum, GmbH and Co. KG, outubro de 2022.
ISBN: 978-620-5-51599-016.
[78]. Fouad A. S. Soliman, **Amira A. Abo-talib & Doaa H. Hanafy," Wind as a Mainstream Renewable Power",,** Livro publicado Lambert Academic Publishing, Omni-Scriptum, GmbH and Co. KG, outubro de 2022.
ISBN: 978-620-5-52588-316.
[79]. Fouad A. S. Soliman, e Karima A. Mahmoud, "Unmanned Aerial Vehicle Appli cations and Development towards Few Grams Weight", Livro publicado Lambert Academic Publishing, Omni-Scriptum, GmbH and Co. KG, outubro de 2022.
ISBN: 978-620-4-980669.
[80]. Fouad A. S. Soliman, and Karima A. Mahmoud, "The Benefits of Plastic and its Imminent Dangers to Humanity". Livro publicado Lambert Academic Publishing, Omni-Scriptum, GmbH and Co. KG, outubro de 2022.
ISBN: 978-620-5622472.
[81]. Fouad A. S. Soliman, e Karima A. Mahmoud, **"Advanced Technologies for Gold Prospection and Mining",** Livro Publicado Lambert Academic Publishing, Omni- Scriptum, GmbH and Co. KG, fevereiro de 2023.
ISBN: 978-620-6142263.
[82]. Fouad A. S. Soliman, e Karima A. Mahmoud, **"Neuro-linguistic Programing",** Livro publicado Lambert Academic Publishing, Omni-Scriptum, GmbH and Co. KG, março de 2023.
ISBN: 978-620-14432.
[83]. Fouad A. S. Soliman, e Karima A. Mahmoud, **"Future Techniques in Mind Mapping",** Livro publicado Lambert Academic Publishing, Omni-Scriptum, GmbH, and Co. KG, março de 2023.
ISBN: 978-6206-147640.
[84]. Fouad A. S. Soliman, e Hamid I. E. Mira, **"Copper for Bright Future of Renewable Energy",** Livro publicado Lambert Academic Publishing, Omni-Scriptum, GmbH and Co. KG, março de 2023.
ISBN: 978-6206-142263.
[85]. Fouad A. S. Soliman, **Amira A. Abo-talib e Doaa H. Hanafy, Renewable Energy the Power of World by 2050",** Livro publicado Lambert Academic Publishing, Omni-Scriptum, GmbH and Co. KG, março de 2023.abril de 2023.
ISBN: 978-6206-153573.
[86]. Fouad A. S. Soliman, **and Karima A. Mahmoud, Global Energy Interconnection and Practice"** Published Book Lambert Academic Publishing, Omni-Scriptum, GmbH and Co. KG. abril de 2023.
ISBN: 978-6206-153573.
[87]. Fouad A. S. Soliman, **Hamid I. E. Mira e Karima A. Mahmoud, "An Insight into World of Wind Energy Technology".** Livro publicado Lambert Academic Publishing, Omni-Scriptum, GmbH and Co. KG. setembro de 2023.
ISBN: 978-6206-781967.
[88]. Fouad A. S. Soliman, **Wafaa A. Zekri e Karima A. Mahmoud, "Role of Hydrogen in Human Life".** Livro publicado Lambert Academic Publishing, Omni-Scriptum, GmbH e Co. KG. setembro de 2023.
ISBN: 978-6206-78625-2.
[89]. Fouad A. S. Soliman, **e Karima A. Mahmoud, "Future of Renewable Energy and Storage Techniques".** Livro publicado Lambert Academic Publishing, Omni-Scriptum, GmbHand Co. KG. setembro de 2023.

ISBN: 978-6206-790570.

[90]. Fouad A. S. Soliman, Hamid I. E. Mira e Karima A. Mahmoud, "Importância, Pobreza, Transmissão, Segurança das Energias Renováveis". Livro publicado Lambert Academic Publishing, Omni-Scriptum, GmbH and Co. KG. setembro de 2023.
ISBN: 978-6206-8433513.

[91]. Fouad A. S. Soliman, Hamid I. E. Mira e Karima A. Mahmoud, "Toward 100 % Renewable Energy". Livro publicado Lambert Academic Publishing, Omni-Scriptum, GmbHand Co. KG. dezembro de 2023.
ISBN: 978-620-7-44774-9.

[92]. Fouad A. S. Soliman, e Karima A. Mahmoud, "Operação de veículos num futuro não poluído". Livro publicado Lambert Academic Publishing, Omni-Scriptum, GmbH and Co. KG. dezembro de 2023.
ISBN: 978-620-7-45399-3.

[93]. Fouad A. S. Soliman, Hamid I. E. Mira e Karima A. Mahmoud, "Drone: a futura tecnologia de aviação para a humanidade". Livro publicado Lambert Academic Publishing, Omni-Scriptum, GmbH and Co. KG. janeiro de 2024.
ISBN: 978-620-7-45869-1.

# Karima A. Mahmoud
## Investigador de Física

[1] . Fouad A. S. Soliman e Karima A. Mahmoud, "Future of Composite Materials" Livro publicado, Lambert Academic Publishing, Omni- Scriptum GmbH and Co. KG, julho de 2019.
ISBN 978-620-0-24780-3.

[2] . Fouad A. S. Soliman e Karima A. Mahmoud, "Modelação de neurónios e circuitos eléctricos equivalentes", Publishing, Omni-Scriptum GmbH and Co. KG, agosto de 2019.
ISBN 978-620-0-29375-6.

[3] . Fouad A. S. Soliman e Karima A. Mahmoud "Future of Electron Beam Applications", Publishing, Omni-Scriptum GmbH and Co. KG, setembro de 2019.
ISBN 978-620-0-43740-2.

[4] . Fouad A.S.Soliman e Karima A. Mahmoud, "Renewable Energy and the Future of Human Life", Livro publicado Lambert Academic Publishing, Omni-Scriptum GmbH and Co. KG, fevereiro de 2020.
ISBN 978-620-0-53632-7.

[5] . Fouad A. S. Soliman, Karima A. Mahmoud e Amira Abdel-magid, "Projections, Developments and Exploitations of Renewable Energy Resources" Livro publicado, Lambert Academic Publishing, Omni Scriptum GmbH and Co. KG, março de 2020. ISBN 978-620-065158-7.

[6] . Fouad A. A. Soliman, Wafaa Abd El-Basit e Karima A. Mahmoud, "Smart Photo-voltaic Technologies and the Future of Energy", livro publicado, Lambert Academic Publishing, Omni- Scriptum GmbH and Co. KG, março de 2020.
ISBN 978-620-251267-1

[7] . Fouad A. S. Soliman, Sanaa A.Kamh e Karima A. Mahmoud", Open-Source Hardware Technology, Livro Publicado, Lambert Academic Publishing, Omni- Scriptum GmbH and Co. KG, abril de 2020.
ISBN 978-620-2-51639-6.

[8] . Fouad A. S. Soliman e Karima A. Mahmoud, "New Trends in Renewable Energy for Humanity Benefits", Livro Publicado, Lambert Academic Publishing, Omni-Scriptum GmbH and Co. KG, maio de 2020.
ISBN 978-620-2-51887-1.

[9] . Fouad A. S. Soliman, Ashraf M. Abdel-maksoud e Karima A. Mahmoud, "Energy Storage, Transmission and Monitoring", Livro Publicado, Lambert Academic Publishing,

Omni-Scriptum GmbH and Co. K.G., maio de 2020.
ISBN 978-6213-94971-2.

[10]. **Fouad A. S. Soliman**, Karima A. Mahmoud e Amira Abdel-Magid, "Projections, **Developments and Exploitations of Renewable Energy Resources"** Livro publicado, Lambert Academic Publishing, Omni-Scriptum GmbH and Co. KG, março de 2020.
ISBN 978-620-065158-7.

[11]. **Fouad A. A. Soliman**, Wafaa Abd El-Basit e Karima A. Mahmoud" **Smart Photovoltaic Technologies and the Future of Energy"**, Livro publicado, Lambert Academic Publishing, Omni- Scriptum GmbH and Co. KG, março de 2020.
ISBN 978-620-251267-1

[12]. **Fouad A. S. Soliman, Sanaa A. Kamh** e Karima A. Mahmoud", **Open Source Hardware Technology,** Livro Publicado, Lambert Academic Publishing, Omni- Scriptum GmbH and Co. KG, abril de 2020.
ISBN 978-620-2-51639-6

[13]. Fouad A. S. Soliman e Karima A. Mahmoud, **"Novas Tendências em Energias Renováveis para Benefícios da Humanidade"**, Livro Publicado, Lambert Academic Publishing, Omni-Scriptum GmbH and Co. KG, maio de 2020.
ISBN 978-620-2-51887-1.

[14]. **Fouad A. S. Soliman, Ashraf M. Abdel-maksoud** e Karima A. Mahmoud, **"Energy Storage, Transmission and Monitoring"**, Livro Publicado, Lambert Academic Publishing, Omni-Scriptum GmbH and Co. KG, maio de 2020.
ISBN 978-613-4-94971-2.

[15]. **Fouad S. S. Soliman, e** Karima A. Mahmoud, **"Climate Effects on PV-Systems and their Maintenance and Recycling"**, Livro Publicado, Lambert Academic Publishing, Omni-Scriptum GmbH and Co. KG, junho de 2020.
ISBN 978-620-2-56451-9.

[16]. **Fouad A. S. Soliman, Safaa M. El-Ghanam** e Karima A. Mahmoud, **"The World of Gel Technologies"**, livro publicado, Lambert Academic Publishing, Omni-Scriptum GmbH and Co. KG, agosto de 2020.
ISBN 978-620-2-68432-3.

[17]. **Fouad A. S. Soliman, Ashraf M. Abedel-maksoud** e Karima A. Mahmoud", **Technologies of Stand-alone and Distributed Energy Systems"**, Livro publicado, Lambert Academic Publishing, Omni-Scriptum GmbH e Co. KG, setembro de 2020. ISBN 978-620-0-50455-6.

[18]. **Fouad A. S. Soliman, Ashraf M. Abedel-maksoud** e Karima A. Mahmoud", **Technology and Future of Nano-fluids"**, Livro publicado, Lambert Academic Publishing, Omni-Scriptum GmbH and Co. KG, setembro de 2020.
ISBN 978-620-2-80132-4.

[19]. **Fouad A. S. Soliman, Sanaa A.** Kamh e Karima A. Mahmoud, "New Trends in Micro-and Hybrid- Energy Grids", Livro publicado, Lambert Academic **Publishing**, Omni-Scriptum GmbH and Co. KG, dezembro de 2020.
ISBN 978-620-2-92022-3.

[20]. **Fouad A. S. Soliman, Safaa R. El-Ghanam** e Karima A. Mahmoud, **"New Trends in Photovoltaic System"**, livro publicado, **Lambert Academic Publishing, Omni- Scriptum GmbH and Co., K.G. Dez. 2020.**
ISBN 978-620-3-47075-8.

[21]. **Fouad A. S. Soliman, Hamed I. E. Mira** e Karima A. Mahmoud, **"Scrap Tyres between Recycling and Bio-energy Technologies"**, Livro publicado Lambert Academic Publishing, Omni-Scriptum GmbH and Co. KG, março de 2021.
ISBN 978-620-57464-7.

[22]. **Fouad A. S. Soliman** e Karima A. Mahmoud, **"Automatic Monitoring of PV-Systems"**, Published Book Lambert Academic. Publishing, Omni-Scriptum GmbH and Co.

KG, setembro de 2021.
ISBN 978-620-3-58196-6.

[23]. **Fouad A. S. Soliman, Hamed I. E. Mira e** Karima A. Mahmoud, **"Hydrogen: The Future of Non-carbon Fuel",** livro publicado Lambert Academic Publishing, Omni-Scriptum GmbH and Co. KG, outubro de 2021.
ISBN 978-620-40 20741-4.

[24]. **Fouad A. S. Soliman, e** Karima A. Mahmoud, "Unmanned Aerial Vehicle Appli cations and Development towards Few Grams Weight", Livro publicado Lambert Academic Publishing, Omni-Scriptum, GmbH and Co. KG, outubro de 2022.
ISBN: 978-620-4-980669.

[25]. **Fouad A. S. Soliman, e** Karima A. Mahmoud, "The Benefits of Plastic and its Imminent Dangers to Humanity", Livro publicado Lambert Academic Publishing, Omni-Scriptum, GmbH and Co. KG, outubro de 2022.
ISBN: 978-620-5622472.

[26]. **Fouad A. S. Soliman, e** Karima A. Mahmoud, **"Advanced Technologies for Gold Prospection and Mining",** Livro Publicado Lambert Academic Publishing, Omni- Scriptum, GmbH and Co. KG, fevereiro de 2023.
ISBN: 978-620-6142263.

[27]. **Fouad A. S. Soliman e** Karima A. Mahmoud, **"Neuro-linguistic Programming",** Livro publicado Lambert Academic Publishing, Omni-Scriptum, GmbH and Co. KG, março de 2023.
ISBN: 978-620-14432.

[28]. **Fouad A. S. Soliman, e** Karima A. Mahmoud, **"Global Energy Interconnection and Practice".** Livro publicado Lambert Academic Publishing, Omni- Scriptum, GmbH and Co. KG, abril de 2023.
ISBN: 978-6206-153573.

[29]. **Fouad A. S. Soliman, Hamid I. E. Mira e** Karima A. Mahmoud, **"An Insight into the World of Wind Energy Technology".** Livro publicado Lambert Academic Publishing, Omni-Scriptum, GmbH and Co. KG. setembro de 2023.
ISBN: 978-6206-781967.

[30]. **Fouad A. S. Soliman, Wafaa A. Zekri e** Karima A. Mahmoud, **"Role of Hydrogen in Human Life".** Livro publicado Lambert Academic Publishing, Omni-Scriptum, GmbH and Co. KG. setembro de 2023.
ISBN: 978-6206-78625-2.

[31]. **Fouad A. S. Soliman, e** Karima A. Mahmoud, **"Future of Renewable Energy and Storage Techniques".** Livro publicado Lambert Academic Publishing, Omni-Scriptum, GmbHand Co. KG. setembro de 2023.
ISBN: 978-6206-790570.

[32]. **Fouad A. S. Soliman, Hamid I. E. Mira e** Karima A. Mahmoud, **"Importância, Pobreza, Transmissão, Segurança das Energias Renováveis".** Livro publicado Lambert Academic Publishing, Omni-Scriptum, GmbH and Co. KG. setembro de 2023.
ISBN: 978-6206-8433513.

[33]. **Fouad A. S. Soliman, Hamid I. E. Mira e** Karima A. Mahmoud, **"Toward 100 % Renewable Energy".** Livro publicado Lambert Academic Publishing, Omni-Scriptum, GmbH and Co. KG. dezembro de 2023.
ISBN: 978-620-7-44774-9.

[34]. **Fouad A. S. Soliman, e** Karima A. Mahmoud, **"Operação de veículos num futuro não poluído".** Livro publicado Lambert Academic Publishing, Omni-Scriptum, GmbH and Co. KG. dezembro de 2023.
ISBN: 978-620-7-45399-3.

[35]. **Fouad A. S. Soliman, Hamid I. E. Mira e** Karima A. Mahmoud, **"Drone: a futura tecnologia de aviação para a humanidade".** Livro publicado Lambert Academic

Publishing, Omni-Scriptum, GmbH and Co. KG. janeiro de 2024.
ISBN: 978-620-7-45869-1.

## Agradecimentos

Estamos ajoelhados em obediência a ALÁ, agradecendo-Lhe por me ter mostrado o caminho certo. Sem a ajuda de Deus, os nossos esforços ter-se-iam perdido. Foi com a graça de Deus que conseguimos alcançar este grande feito. Agradecemos também a uma pessoa que amamos muito, o Profeta Maomé (que Deus o louve e lhe dê paz).

**Gostaríamos também de expressar a nossa mais profunda gratidão a:**
- Nuclear Materials Authority, Cairo, Egipto.
**Funcionário dos diferentes sectores.**
- Women College for Arts, Science, and Education, Ain-shams University, Cairo, Egipto
**Membros do pessoal do Departamento de Física e do Laboratório de Investigação em Eletrónica.**
- Centro Nacional de Investigação e Tecnologia das Radiações, Cairo, Egipto **Membros do pessoal do Departamento de Física das Radiações.**
- Membros do pessoal do Centro Egípcio de Estudos Económicos, Investigação Científica e Ambiental e Desenvolvimento.

## Resumo

A fotónica é um ramo da ótica que envolve a aplicação da geração, deteção e manipulação da luz sob a forma de fotões através da emissão, transmissão, modulação, pro cessamento de sinais, comutação, amplificação e deteção. A fotónica está intimamente relacionada com a eletrónica quântica, sendo que a eletrónica quântica se ocupa da parte teórica e a fotónica das suas aplicações técnicas. Embora abranja todas as aplicações técnicas da luz em todo o espetro, a maioria das aplicações fotónicas situa-se na gama da luz visível e dos infravermelhos próximos. O termo fotónica desenvolveu-se como resultado dos primeiros emissores de luz semicondutores práticos inventados no início da década de 1960 e das fibras ópticas desenvolvidas na década de 1970.

A fotónica está relacionada com a ótica quântica, a opto-mecânica, a electro-ótica, a opto-eletrónica e a eletrónica quântica. No entanto, cada área tem conotações ligeiramente diferentes nas comunidades científicas e governamentais e no mercado. A ótica quântica está frequentemente associada à investigação fundamental, ao passo que a fotónica é utilizada para designar a investigação e o desenvolvimento aplicados.

O termo fotónica designa mais especificamente:
- As propriedades das partículas da luz,
- O potencial de criação de tecnologias de dispositivos de processamento de sinais utilizando fotões,
- A aplicação prática da ótica, e
- Uma analogia com a eletrónica.

A fotónica está também relacionada com a ciência emergente da informação quântica e da ótica quântica. Outros domínios emergentes incluem:
- Opto-acústica ou imagiologia foto-acústica, em que a energia laser fornecida aos tecidos biológicos será absorvida e convertida em calor, levando à emissão de ultra-sons.
- Opto-mecânica, que consiste no estudo da interação entre a luz e as vibrações mecânicas de objectos meso ou macroscópicos;
- Optómica, em que os dispositivos integram dispositivos fotónicos e atómicos para aplicações como a cronometragem de precisão, a navegação e a metrologia;
- Plasmónica, que estuda a interação entre a luz e os plasmões em estruturas dieléctricas e metálicas. Os plasmões são a quantização das oscilações do plasma; quando acoplados a uma onda electromagnética, manifestam-se como polaritões de plasmões de superfície ou plasmões de superfície localizados.
- A polaritónica, que difere da fotónica na medida em que o portador de informação fundamental é um polaritão. Os polaritões são uma mistura de fotões e fónons e funcionam na gama de frequências de 300 gigahertz a aproximadamente 10 terahertz.
- Fotónica programável, que estuda o desenvolvimento de circuitos fotónicos que podem ser reprogramados para implementar diferentes funções da mesma forma que um FPGA eletrónico.

## Palavras-chave

Fotónica, ramo, ótica, envolve, aplicação, geração, deteção, manipulação, luz, fotões, através, emissão, transmissão, modulação, processamento de sinal, comutação, ampliação ficação, deteção, intimamente, relacionada, eletrónica quântica, eletrónica quântica, lida, parte teórica, engenharia, aplicações, cobrindo, luz, técnica, sobre, espetro, maioria, gama, visível, luz infravermelha próxima, desenvolvido, crescimento, primeira prática, semicondutor, luz, emissores, inventado, fibras, ópticas, desenvolvido, derivado, palavra grega, significado, caso genitivo, palavras compostas, raiz, apareceu, tarde, descreve, campo de investigação, cujo, objetivo, desempenha funções, tradicionalmente, caiu, dentro, típico, domínio, eletrónica, como, telecomunicações, processamento de informação, incidentalmente, decidiu, inventar, nova, ciência - fotónica, carrega, mesmo, relação, ótica, eletrónica, faz para, engenharia eléctrica, como, eletrónica, lidar, unidades individuais, ótica, fenómenos de grupo, impossível, engenharia eléctrica, começou, invenção, maser e laser, desenvolvimentos, seguiu, díodo laser, transmitir informação, dopado com érbio, fibra, amplificador. Formou, base, revolução telecomunicações, final, século XX, infraestrutura, internet cunhado anteriormente, termo fotónica, entrou, comum, uso, transmissão dados fibra-ótica, adotado, operadores rede telecomunicações, tempo, usado amplamente, Bell Laboratories, confirmado, IEEE Lasers and Electro-Optics Society, estabelecido, jornal arquivo, nomeada, Photonics Technology Letters, durante, período, conducente, até, dot-com crash circ, campo, focado, em grande parte, telecomunicações ópticas, no entanto, fotónica abrange, enorme gama, aplicações de ciência e tecnologia, incluindo, fabrico de laser, biológica, deteção química, diagnóstico médico, terapia, tecnologia de visualização, computação ótica. Além disso, crescimento, fotónica, provável, desenvolvimentos, actuais, da, fotónica, de silício, bem sucedidos, intimamente, relacionados, com, a, ótica, clássica, ótica, muito, anterior, à, descoberta, quantizada, Albert Einstein, famoso, explicou, o, efeito, fotoelétrico, ferramentas, de, ótica, incluem, lentes, refractoras, espelhos, reflectores, vários, componentes, ópticos, instrumentos, desenvolvidos, ao, longo, dos, séculos. princípios fundamentais, ótica clássica, tais, como, Princípio de Huygens, desenvolvido, Equações de Maxwell, equações de onda, desenvolvidas, dependem, das propriedades quânticas da luz, fotónica de silício, estudo, sistemas fotónicos, meio ótico, silício, normalmente, modelado, precisão sub-micro-métrica, em, componentes micro-fotónicos, operam, infravermelhos, mais comum, comprimento de onda micro-métrica, mais, telecomunicações de fibra ótica, normalmente, encontra-se, topo, camada, sílica, analogia, micro-eletrónica, silício sobre isolador (SOI), semicondutor existente, fabricação, técnicas, porque, silício, já, usado, substrato, mais circuitos integrados, possível, criar, dispositivos, híbridos, componentes ópticos e electrónicos, integrados, microchips únicos, consequentemente, fotónica de silício, sendo ativamente, investigado, muitos, fabricantes, de, eletrónica, incluindo, IBM e Intel, bem como, grupos, de, investigação, académica, meios, de, manter, o, seguimento, da, Lei de Moore, usando, interligações, ópticas, proporcionam transferência de dados mais rápida, tanto, entre como dentro de microchips, propagação da luz através de, dispositivos de silício, regida, gama de fenómenos ópticos não lineares, incluindo efeito Kerr, efeito Raman, absorção de dois fotões, interacções, entre, fotões, portadores de carga livre, presença, não linearidade, fundamental, importância, permite que a luz interaja, permitindo aplicações, tais como, conversão de comprimento de onda, encaminhamento de sinais totalmente ópticos, além de transmissão passiva de luz, os guias de onda de silício são também de grande interesse académico, devido às suas propriedades de orientação únicas, comunicações, interligações, biossensores, oferecem a possibilidade de suportar fenómenos ópticos não lineares exóticos, propagação de solitões, transparentes à luz infravermelha, com comprimentos de onda superiores a micrómetros, o silício tem também um índice de refração muito elevado, um confinamento ótico apertado, proporcionando um índice elevado que permite guias de onda ópticos microscópicos com dimensões transversais de nanómetros

# Capítulo 1

# Fotónica

## 1.1. Prefácio

A fotónica é um ramo da ótica que envolve a aplicação da geração, deteção e manipulação da luz sob a forma de fotões através da emissão, transmissão, modulação, pro cessamento de sinais, comutação, amplificação e deteção [1, 2]. A fotónica está intimamente relacionada com a eletrónica quântica, sendo que a eletrónica quântica se ocupa da parte teórica e a fotónica das suas aplicações técnicas. Embora abranja todas as aplicações técnicas da luz em todo o espetro, a maioria das aplicações fotónicas situa-se na gama da luz visível e do infravermelho próximo. O termo fotónica desenvolveu-se como resultado dos primeiros emissores de luz semicondutores práticos inventados no início da década de 1960 e das fibras ópticas desenvolvidas na década de 1970.

**Dispersão da luz (fotões) por um prisma.**

## 1.2. História

A palavra "fotónica" deriva da palavra grega "phos" que significa luz (que tem o caso genitivo "photos" e em palavras compostas é utilizada a raiz "photo-"); surgiu no final dos anos 60 para descrever um campo de investigação cujo objetivo era utilizar a luz para realizar funções que tradicionalmente se enquadravam no domínio típico da eletrónica, como as telecomunicações, o processamento de informação, etc. Tem a mesma relação com a ótica que a eletrónica tem com a engenharia eléctrica. A fotónica, tal como a eletrónica, trata das unidades individuais; a ótica e a engenharia eletrotécnica tratam dos fenómenos de grupo! E note-se que é possível fazer coisas com a eletrónica que são impossíveis na engenharia eléctrica [3].

A fotónica, enquanto domínio, teve início com a invenção do maser e do laser, entre 1958 e 1960 [1]. Seguiram-se outros desenvolvimentos: o díodo laser na década de 1970, as fibras ópticas para transmissão de informação e o amplificador de fibra dopada com érbio. Estas invenções constituíram a base da revolução das telecomunicações do final do século XX e forneceram a infraestrutura para a Internet.

Embora tenha sido cunhado anteriormente, o termo fotónica passou a ser utilizado nos anos 80, quando a transmissão de dados por fibra ótica foi adoptada pelos operadores de redes de telecomunicações. Nessa altura, o termo foi amplamente utilizado nos Laboratórios Bell. A sua utilização foi confirmada quando a IEEE Lasers and Electro Optics Society criou uma revista de arquivo denominada Photonics Technology Letters no final da década de 1980.

Durante o período que antecedeu o crash das empresas "dot-com", por volta de 2001, a fotónica era um domínio essencialmente centrado nas telecomunicações ópticas. No entanto, a fotónica abrange uma vasta gama de aplicações científicas e tecnológicas, incluindo o fabrico de lasers, a deteção biológica e química, o diagnóstico e a terapia médicos, a tecnologia de visualização e a computação ótica. É provável que a fotónica continue a crescer se os actuais desenvolvimentos na fotónica de silício forem bem sucedidos [4].

## 1.3. Relação com outros domínios

### 1.3.1. Ótica clássica

A fotónica está intimamente relacionada com a ótica. A ótica clássica precedeu em muito a descoberta de que a luz é quantizada, quando Albert Einstein explicou o famoso efeito fotoelétrico em 1905. [th]As ferramentas da ótica incluem a lente refractora, o espelho refletor e vários componentes e instrumentos ópticos desenvolvidos ao longo dos séculos XV a XIX. Os princípios fundamentais da ótica clássica, como o Princípio de Huygens, desenvolvido no século XVII[th], as equações de Maxwell e as equações de onda, desenvolvidas no século XIX, não dependem das propriedades quânticas da luz.

### 1.3.2. Ótica moderna

A fotónica está relacionada com a ótica quântica, a opto-mecânica, a electro-ótica, a optoelectrónica e a eletrónica quântica. No entanto, cada área tem conotações ligeiramente diferentes nas comunidades científicas e governamentais e no mercado. A ótica quântica tem frequentemente uma conotação de investigação fundamental, ao passo que a fotónica é utilizada para designar a investigação e o desenvolvimento aplicados. Neste contexto, o termo "fotónica" tem uma conotação mais específica:
- As propriedades das partículas da luz,
- O potencial de criação de tecnologias de dispositivos de processamento de sinais utilizando fotões,
- A aplicação prática da ótica, e
- Uma analogia com a eletrónica.

O termo optoelectrónica designa dispositivos ou circuitos que incluem funções eléctricas e ópticas, ou seja, um dispositivo semicondutor de película fina. O termo electro-ótica foi utilizado mais cedo e abrange especificamente interacções eléctricas-ópticas não lineares aplicadas, por exemplo, como moduladores de cristais a granel, como a célula de Pockels, mas também inclui sensores avançados de imagem.

Um aspeto importante na definição moderna de Fotónica é que não existe necessariamente um acordo generalizado na perceção dos limites do campo. De acordo com uma fonte em optics.org [5], a resposta a uma consulta do editor do Journal of Optics: A Pure and Applied Physics ao conselho editorial sobre a racionalização do nome da revista, relatou diferenças significativas na forma como os termos "ótica" e "fotónica" descrevem a área temática, com algumas descrições a propor que "a fotónica engloba a ótica". Na prática, à medida que o campo evolui, as evidências de que a "ótica moderna" e a fotónica são frequentemente utilizadas indistintamente estão muito difundidas e absorvidas no jargão científico.

## 1.4. Domínios emergentes

A fotónica está também relacionada com a ciência emergente da informação quântica e da ótica quântica. Outros domínios emergentes incluem:
- Opto-acústica ou imagiologia foto-acústica, em que a energia laser fornecida aos tecidos biológicos será absorvida e convertida em calor, levando à emissão de ultra-sons.
- Opto-mecânica, que consiste no estudo da interação entre a luz e as vibrações mecânicas de objectos meso ou macroscópicos;
- Optómica, em que os dispositivos integram dispositivos fotónicos e atómicos para aplicações como a cronometragem de precisão, a navegação e a metrologia;
- Plasmónica, que estuda a interação entre a luz e os plasmões em estruturas dieléctricas e metálicas. Os plasmões são a quantização das oscilações do plasma; quando acoplados a uma onda electromagnética, manifestam-se como polaritões de plasmon de superfície ou plasmões de superfície localizados.
- A polaritónica, que difere da fotónica na medida em que o portador de informação fundamental é um polaritão. Os polaritões são uma mistura de fotões e fonões e funcionam na gama de frequências de 300 gigahertz a aproximadamente 10 terahertz.
- Fotónica programável, que estuda o desenvolvimento de circuitos fotónicos que podem

ser reprogramados para implementar diferentes funções da mesma forma que um FPGA eletrónico

## 1.5.Aplicações

As aplicações da fotónica são omnipresentes. Incluem-se todas as áreas, desde a vida quotidiana até à ciência mais avançada, por exemplo, deteção da luz, telecomunicações, processamento da informação, fotovoltaica, computação fotónica, iluminação, metrologia, espetroscopia, holografia, medicina (cirurgia, correção da visão, endoscopia, monitorização da saúde), biofotónica, tecnologia militar, processamento de materiais por laser, diagnóstico artístico (envolvendo reflectometria de infravermelhos, raios X, fluorescência ultravioleta, XRF), agricultura e robótica.

**Um rato-do-mar (Aphrodita aculeata)[6], mostrando espinhos coloridos, um exemplo notável de engenharia fotónica por um organismo vivo.**

Tal como as aplicações da eletrónica se expandiram dramaticamente desde a invenção do primeiro transístor em 1948, as aplicações únicas da fotónica continuam a surgir. As aplicações economicamente importantes dos dispositivos fotónicos semicondutores incluem o registo ótico de dados, as telecomunicações por fibra ótica, a impressão a laser (baseada na xerografia), os ecrãs e o bombeamento ótico de lasers de alta potência. As aplicações potenciais da fotónica são virtualmente ilimitadas e incluem a síntese química, os diagnósticos médicos, a comunicação de dados no chip, os sensores, a defesa por laser e a energia de fusão, para citar vários outros exemplos interessantes:

- Equipamento de consumo: leitor de códigos de barras, impressora, dispositivos de CD/DVD/Blu-ray, dispositivos de controlo remoto
- Telecomunicações: comunicações por fibra ótica, conversor ótico descendente para micro-ondas
- Energias renováveis: Sistemas de energia solar
- Medicina: correção de problemas de visão, cirurgia a laser, endoscopia cirúrgica, remoção de tatuagens
- Fabrico industrial: utilização de lasers para soldadura, perfuração, corte e vários métodos de modificação de superfícies
- Construção: nivelamento por laser, determinação de distâncias por laser, estruturas inteligentes
- Aviação: giroscópios fotónicos sem partes móveis
- Militares: Sensores IR, comando e controlo, navegação, busca e salvamento, colocação e deteção de minas
- Entretenimento: espectáculos de laser, efeitos de feixe, arte holográfica
- Tratamento da informação
- Arrefecimento radiativo diurno passivo
- Sensores: LIDAR, sensores para eletrónica de consumo
- Metrologia: medições de tempo e de frequência, determinação de distâncias
- Computação fotónica [7]: distribuição de relógios e comunicação entre computadores, placas de circuitos impressos ou dentro de circuitos integrados optoelectrónicos; no futuro:

computação quântica.

A microfotónica e a nanofotónica incluem geralmente cristais fotónicos e dispositivos de estado sólido [8].

## 1.6. Panorama da investigação em fotónica

A ciência da fotónica inclui a investigação da emissão, transmissão, amplificação, deteção e modulação da luz.

### 1.6.1. Fontes de luz

A fotónica utiliza normalmente fontes de luz baseadas em semicondutores, como díodos emissores de luz (LED), díodos super-luminescentes e lasers. Outras fontes de luz incluem fontes de fotões únicos, lâmpadas fluorescentes, tubos de raios catódicos (CRT) e ecrãs de plasma. Note-se que, enquanto os CRT, os ecrãs de plasma e os ecrãs de díodos orgânicos emissores de luz geram a sua própria luz, os ecrãs de cristais líquidos (LCD), como os ecrãs TFT, necessitam de uma retroiluminação de lâmpadas fluorescentes de cátodo frio ou, mais frequentemente hoje em dia, de LED.

Uma caraterística da investigação sobre fontes de luz semicondutoras é a utilização frequente de semicondutores III-V em vez dos semicondutores clássicos como o silício e o germânio. Este facto deve-se às propriedades especiais dos semicondutores III-V que permitem a implementação de dispositivos emissores de luz. Exemplos de sistemas de materiais utilizados são o arsenieto de gálio (GaAs) e o arsenieto de alumínio e gálio (AlGaAs) ou outros semicondutores compostos. São também utilizados em conjunto com o silício para produzir lasers híbridos de silício.

### 1.6.2. Meios de transmissão

A luz pode ser transmitida através de qualquer meio transparente. A fibra ótica de vidro ou de plástico pode ser utilizada para guiar a luz ao longo de um trajeto desejado. Nas comunicações ópticas, as fibras ópticas permitem distâncias de transmissão superiores a 100 km sem amplificação, dependendo da taxa de bits e do formato de modulação utilizados para a transmissão. Um tema de investigação muito avançado no domínio da fotónica é a investigação e o fabrico de estruturas e "materiais" especiais com propriedades ópticas concebidas. Estes incluem cristais fotónicos, fibras de cristais fotónicos e materiais meta .

### 1.6.3. Amplificadores

Os amplificadores ópticos são utilizados para amplificar um sinal ótico. Os amplificadores ópticos utilizados nas comunicações ópticas são os amplificadores de fibra dopada com érbio, os amplificadores ópticos de semicondutores, os amplificadores Raman e os amplificadores paramétricos ópticos. Um tópico de investigação muito avançado sobre amplificadores ópticos é a investigação sobre amplificadores ópticos semicondutores de pontos quânticos.

### 1.6.4. Deteção

Os fotodetectores detectam a luz. Os fotodetectores vão desde os fotodíodos muito rápidos para aplicações de comunicações, passando pelos dispositivos de carga acoplada (CCD) de velocidade média para câmaras digitais, até às células solares muito lentas que são utilizadas para a captação de energia a partir da luz solar. Existem também muitos outros fotodetectores baseados em efeitos térmicos, químicos, quânticos, fotoeléctricos e outros.

### 1.6.5. Modulação

A modulação de uma fonte de luz é utilizada para codificar informações numa fonte de luz. A modulação pode ser conseguida diretamente pela fonte de luz. Um dos exemplos mais simples é a utilização de uma lanterna para enviar código Morse. Outro método consiste em pegar na luz de uma fonte de luz e modulá-la num modulador ótico externo [9].

Um tópico adicional abrangido pela investigação sobre modulação é o formato de modulação. A codificação on-off tem sido o formato de modulação mais utilizado nas comunicações ópticas. Nos últimos anos, têm sido investigados formatos de modulação mais avançados, como a comutação por mudança de fase ou mesmo a multiplexagem por divisão de frequência ortogonal, para contrariar efeitos como a dispersão que degradam a qualidade do sinal

transmitido.
## 1.7.Sistemas fotónicos
A fotónica inclui também a investigação sobre sistemas fotónicos. Este termo é frequentemente utilizado para designar os sistemas de comunicação ótica. Esta área de investigação centra-se na implementação de sistemas fotónicos, como as redes fotónicas de alta velocidade. Inclui também a investigação sobre regeneradores ópticos, que melhoram a qualidade do sinal ótico.
### 1.7.1. Circuitos integrados fotónicos
Os circuitos integrados fotónicos (PIC) são dispositivos fotónicos semicondutores integrados opticamente activos. As principais aplicações comerciais dos PIC são os transceptores ópticos para redes ópticas de centros de dados. Os PIC fabricados em substratos de bolachas semicondutoras de fosforeto de índio III-V foram os primeiros a obter êxito comercial [10]; os PIC baseados em substratos de bolachas de silício são atualmente também uma tecnologia comercializada.

As principais aplicações da fotónica integrada incluem:

- Interligações de centros de dados: Os centros de dados continuam a crescer em escala à medida que as empresas e instituições armazenam e processam mais informações na nuvem. Com o aumento da computação no centro de dados, as demandas nas redes do centro de dados aumentam de forma correspondente. Os cabos ópticos podem suportar maior largura de banda de faixa em distâncias de transmissão mais longas do que os cabos de cobre. Para distâncias de curto alcance e taxas de transmissão de dados até 40 Gbit/s, podem ser utilizadas abordagens não integradas, como os lasers de emissão de superfície de cavidade vertical, para transceptores ópticos em redes de fibra ótica multimodo[11]. Para além desta gama e largura de banda, os circuitos integrados fotónicos são fundamentais para permitir transceptores ópticos de elevado desempenho e baixo custo. -

- Aplicações de sinais de RF analógicos: Utilizando o processamento de sinais de precisão de GHz dos circuitos integrados fotónicos, os sinais de radiofrequência (RF) podem ser manipulados com elevada fidelidade para adicionar ou eliminar vários canais de rádio, distribuídos por uma gama de frequências de banda ultralarga. Além disso, os circuitos integrados fotónicos podem remover o ruído de fundo de um sinal RF com uma precisão sem precedentes, o que aumentará o desempenho do sinal em relação ao ruído e possibilitará novos padrões de referência em termos de desempenho de baixa potência. No seu conjunto, este processamento de alta precisão permite-nos agora reunir grandes quantidades de informação em comunicações rádio de ultra-longa distância. -

- Sensores: Os fotões também podem ser utilizados para detetar e diferenciar as propriedades ópticas dos materiais. Podem identificar gases químicos ou bioquímicos provenientes da poluição atmosférica, produtos orgânicos e contaminantes na água. Podem também ser utilizados para detetar anomalias no sangue, como níveis baixos de glucose, e medir dados biométricos, como a pulsação. Os circuitos integrados fotónicos estão a ser concebidos como sensores abrangentes e omnipresentes com vidro/silício e incorporados, através de uma produção de grande volume, em vários dispositivos móveis. Os sensores das plataformas móveis estão a permitir-nos participar mais diretamente em práticas que protegem melhor o ambiente, monitorizam o abastecimento alimentar e mantêm-nos saudáveis.

- LIDAR e outros sistemas de imagiologia por fases: As matrizes de PICs podem tirar partido dos atrasos de fase na luz reflectida por objectos com formas tridimensionais para reconstruir imagens 3D, e o Light Imaging, Detection and Ranging (LIDAR) com luz laser pode oferecer um complemento ao radar, fornecendo imagens de precisão (com informação 3D) a distâncias próximas. Esta nova forma de visão artificial está a ter uma aplicação imediata em automóveis sem condutor para reduzir as colisões e na imagiologia biomédica. As matrizes em fase podem também ser utilizadas para comunicações no espaço livre e novas tecnologias de visualização. As versões actuais do LIDAR dependem predominantemente de peças móveis, o que as torna grandes, lentas, de baixa resolução, dispendiosas e propensas a vibrações mecânicas e falhas prematuras. A fotónica integrada pode realizar o LIDAR com uma área de cobertura do tamanho de um selo postal, sem peças móveis, e ser produzida em grande volume a baixo custo.

### 1.7.2. Biofotónica

A biofotónica utiliza ferramentas do domínio da fotónica para o estudo da biologia. A biofotónica centra-se principalmente na melhoria das capacidades de diagnóstico médico (por exemplo, cancro ou doenças infecciosas) [12], mas também pode ser utilizada para aplicações ambientais ou outras [13, 14]. As principais vantagens desta abordagem são a rapidez de análise, o diagnóstico não invasivo e a capacidade de trabalhar in situ.

### 1.7.3. Fotónica orgânica

A fotónica orgânica inclui a geração, a emissão, a transmissão, a modulação, o processamento de sinais, a comutação, a amplificação e a deteção/sensorização da luz, utilizando materiais ópticos orgânicos.

Estrutura molecular do corante Rodamina 6G, que é frequentemente utilizado para dopar um polímero como o PMMA para criar um meio de ganho orgânico no estado sólido.

Os domínios da fotónica orgânica incluem o laser de corante orgânico líquido e os lasers de corante orgânico no estado sólido. Os materiais utilizados nos lasers de corantes no estado sólido incluem:
-   PMMA dopado com laser [15]
-   ormosil     dopado com laser [16]
-   matrizes de polímeros-nanopartículas dopadas com     laser [17]
-     meios de     ganho   de base biológica dopados com laser [18]

Os meios de ganho de nanopartículas orgânico-inorgânicas são nanocompósitos desenvolvidos para lasers de corante de estado sólido [17] e podem também ser utilizados em biossensores [19], bioanalíticos [19] e aplicações de fotónica orgânica não linear [20].

Uma classe adicional de materiais orgânicos utilizados na geração de luz laser inclui os semicondutores orgânicos [21]. Os polímeros conjugados são amplamente utilizados como semicondutores orgânicos bombeados opticamente [21].

## 1.7.4. Mastro de fotónica

Um mastro fotónico (ou mastro optrónico [22]) é um sensor num submarino que funciona de forma semelhante a um periscópio sem necessitar de um tubo de periscópio, libertando assim espaço de projeto durante a construção e limitando os riscos de fuga de água em caso de avaria. Um mastro fotónico substitui o sistema mecânico de visualização em linha de vista por um equipamento digital, semelhante a um conjunto de câmaras digitais, e tem menos restrições de localização e dimensão do que um periscópio tradicional.

**Um mastro fotónico a bordo de um submarino da classe Virginia.**

Ao contrário de um periscópio, não precisa de estar localizado diretamente acima do seu utilizador, e requer apenas uma pequena penetração no casco de pressão para a cablagem. Isto permite que o mastro fotónico se encaixe inteiramente dentro da vela do submarino e significa que a sala de controlo não precisa de ser colocada diretamente abaixo da vela. Um mastro fotónico funciona elevando-se acima da água de uma forma semelhante a uma antena telescópica e fornece informações através de uma série de sensores, tais como câmaras de baixa luminosidade e termográficas de alta definição. As imagens e informações podem aparecer em painéis de visualização para análise. O mastro fotónico pode também suportar as funções de navegação, guerra eletrónica e comunicações de um mastro de periscópio ótico convencional.

### 1.7.4.1. Mastros de fotónica por país

### 1.7.4.1.1. Marinha chinesa

Pelo menos os submarinos do tipo 039B/C estão equipados com mastros fotónicos [23].

### 1.7.4.1.2. Marinha francesa

Os novos submarinos de ataque nuclear da Marine Nationale, da classe Suffren, estão equipados com um mastro optrónico com os seguintes sensores [24]:
- Câmara diurna de alta resolução
- Câmara MWIR de terceira geração na banda de 3-5 µm
- Câmara de baixo nível de luminosidade (LLLTV) para utilização nocturna no espetro visível com sistema antirreflexo
- Telémetro laser

O mastro é fabricado pela Sagem (atualmente Safran). O mesmo mastro pode ser encontrado nos submarinos de ataque convencional da classe Scorpène, orientados para a exportação, fabricados pelo Naval Group.

### 1.7.4.1.3. Força Marítima de Auto-Defesa do Japão

O submarino da classe Sōryu está equipado com o mastro optrónico CM010.

### 1.7.4.1.4. Marinha Real

A Royal Navy testou um mastro optrónico no HMS Trenchant da classe Trafalgar em 1998. Os submarinos de ataque nuclear da classe Astute estão equipados com dois mastros optrónicos Thales CM010, com capacidades semelhantes às do modelo Sagem utilizado em França [24].

### 1.7.4.1.5. Marinha russa

Os submarinos das classes Yasen e Borei estão equipados com mastros fotónicos desenvolvidos pela Shvabe, uma filial da Rostec [25]. O Instituto Central de Investigação Elektropribor desenvolveu igualmente o mastro fotónico Parus-98 para os submarinos convencionais da classe Lada e para o mercado de exportação (Parus-98E) [26, 27].

#### 1.7.4.1.6. Marinha dos Estados Unidos

Em 2004, a Marinha dos Estados Unidos começou a instalar mastros fotónicos nos submarinos da classe Virginia [28]. Assim, de acordo com a Marinha dos EUA [29]:

- Nos barcos da classe Virgínia, os periscópios tradicionais foram substituídos por dois mastros fotónicos que alojam câmaras digitais a cores, a preto e branco de alta resolução e de infravermelhos em braços telescópicos.

Com a remoção dos periscópios de barril, a sala de controlo do navio foi deslocada para um convés inferior e afastada da curvatura do casco, proporcionando-lhe mais espaço e uma disposição melhorada que fornece ao oficial de comando uma melhor perceção da situação.

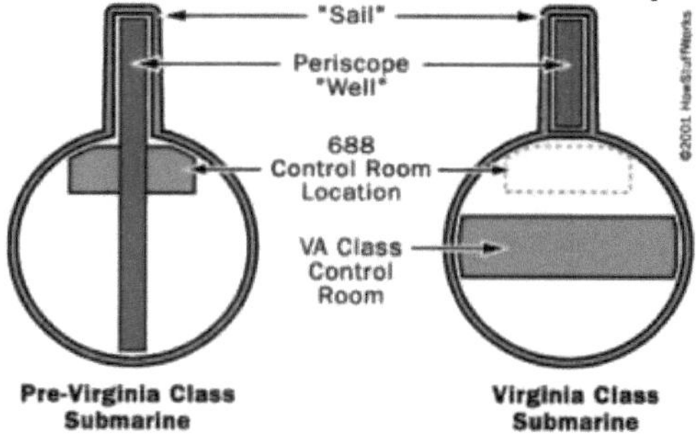


**Comparação da conceção do poço do periscópio e da vela.**

### 1.7.5. Radar fotónico

O radar fotónico é uma técnica através da qual o radar pode ser produzido e analisado com a ajuda da fotónica em vez das técnicas tradicionais de engenharia de RF. A frequência do radar continua a ser de RF, mas são utilizados lasers para criar e analisar os sinais de RF com elevada precisão [30].

A China, a Rússia e a Índia têm programas de investigação activos para equipar os aviões de combate com radares fotónicos [31, 32]. As vantagens potenciais são um maior alcance de deteção, uma melhor deteção da posição e a reconstrução do modelo 3D do alvo [33].

Num estudo, um dispositivo de teste podia detetar objectos tão pequenos como 3 x 4 cm (1,2 x 1,6 in), muito mais pequenos do que o radar tradicional [34].

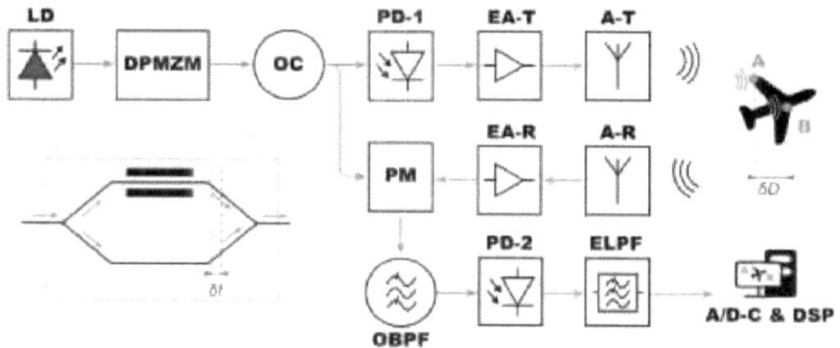


**Esquema de funcionamento de um radar fotónico.**

#### 1.7.5.1. Visão geral do funcionamento

Utiliza-se um díodo laser para gerar um sinal ótico que é modulado por um sinal de baixa frequência linearmente modulado. Este sinal ótico modulado é então dividido, sendo uma parte imediatamente convertida num sinal eletrónico com 4 vezes a frequência do sinal de modulação original. Esta forma de onda é então amplificada, emitida através de uma antena normalizada e depois recebida novamente através de outra antena normalizada. A segunda metade do sinal ótico modulado é ainda modulada pelo sinal refletido, sendo depois convertida num sinal eletrónico. Este sinal eletrónico é enviado através de um filtro passa-baixo e finalmente digitalizado através de um conversor analógico-digital. A forma de onda digital resultante pode ser processada para recuperar o atraso entre o sinal transmitido e o refletido e, assim, a distância ao alvo. Todo o sistema pode ser operado em tempo real para permitir a aquisição de alvos a alta velocidade [30].

### 1.7.5.2.    Aplicações

Novas aplicações potenciais incluem a monitorização não invasiva dos sinais vitais dos doentes utilizando um chip fotónico suficientemente pequeno para ser incluído num telemóvel [34].

# Capítulo 2

# Fotónica de silício

## 2.1. Prefácio

A fotónica do silício é o estudo e a aplicação de sistemas fotónicos que utilizam o silício como meio ótico [35-39]. O silício é normalmente modelado com uma precisão submicrométrica, formando componentes microfotónicos [38]. Estes funcionam no infravermelho, mais frequentemente no comprimento de onda de 1,55 micrómetros utilizado pela maioria dos sistemas de telecomunicações por fibra ótica [40]. O silício encontra-se normalmente sobre uma camada de sílica, no que (por analogia com uma construção semelhante na microeletrónica) é conhecido como silício sobre isolador (SOI) [38, 39].

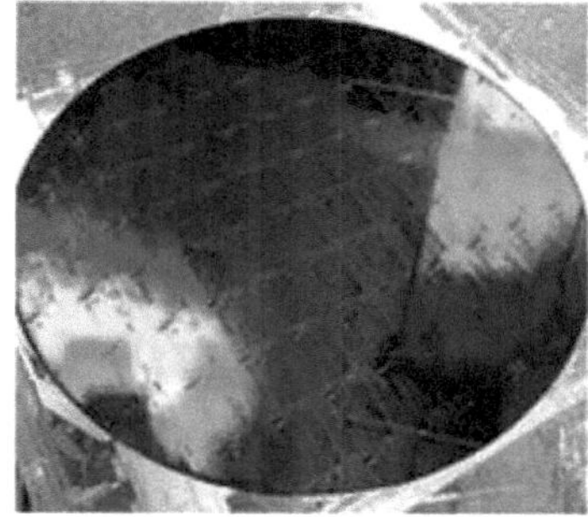

**Fotónica de silício Bolacha de 300 mm**

Os dispositivos fotónicos de silício podem ser fabricados utilizando as técnicas existentes de fabrico de semicondutores e, dado que o silício já é utilizado como substrato para a maioria dos circuitos integrados, é possível criar dispositivos híbridos em que os componentes ópticos e electrónicos são integrados num único microchip [40]. Consequentemente, a fotónica de silício está a ser ativamente investigada por muitos fabricantes de eletrónica, incluindo a IBM e a Intel, bem como por grupos de investigação académica, como forma de acompanhar a Lei de Moore, utilizando interconexões ópticas para proporcionar uma trans ferência de dados mais rápida entre microchips e no interior dos mesmos [41-43].

A propagação da luz através de dispositivos de silício é regida por uma série de fenómenos ópticos não lineares, incluindo o efeito Kerr, o efeito Raman, a absorção de dois fotões e as interacções entre fotões e portadores de carga livre [44]. A presença de não linearidade é de importância fundamental, uma vez que permite a interação da luz com a luz [45], possibilitando assim aplicações como a conversão de comprimentos de onda e o encaminhamento de sinais totalmente ópticos, para além da transmissão passiva da luz.

Os guias de onda de silício são também de grande interesse académico, devido às suas propriedades de orientação únicas, podendo ser utilizados para comunicações, interligações, biossensores [46, 47], e oferecem a possibilidade de suportar fenómenos ópticos não lineares exóticos, como a propagação de solitões [48-50].

## 2.2. Propriedades físicas

### 2.2.1. Orientação ótica e adaptação da dispersão

O silício é transparente à luz infravermelha com comprimentos de onda superiores a cerca de 1,1 micrómetros [51]. O silício tem também um índice de refração muito elevado, de cerca de 3,5 [51]. O confinamento ótico apertado proporcionado por este índice elevado permite a criação de guias de onda ópticos microscópicos, que podem ter dimensões transversais de apenas algumas centenas de nanómetros [44]. É possível obter uma propagação monomodo [44], eliminando assim (tal como a fibra ótica monomodo) o problema da dispersão modal.

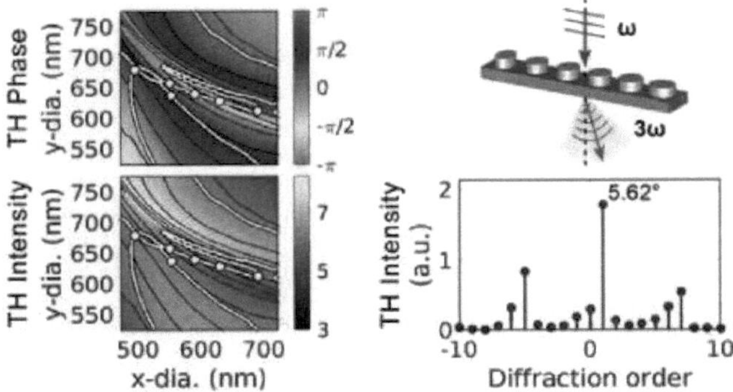


**Orientação ótica e adaptação da dispersão.**

Os fortes efeitos de fronteira dieléctrica que resultam deste confinamento apertado alteram substancialmente a relação de dispersão ótica. Seleccionando a geometria da guia de ondas, é possível adaptar a dispersão para obter as propriedades desejadas, o que é de importância crucial para as aplicações que requerem impulsos ultra-curtos [44]. Em particular, a dispersão da velocidade de grupo (ou seja, a medida em que a velocidade de grupo varia com o comprimento de onda) pode ser controlada de perto. No silício a 1,55 micrómetros, a dispersão da velocidade de grupo (GVD) é normal, na medida em que os impulsos com comprimentos de onda mais longos viajam com maior velocidade de grupo do que os impulsos com comprimentos de onda mais curtos. No entanto, seleccionando uma geometria de guia de ondas adequada, é possível inverter esta situação e obter uma GVD anómala, em que os impulsos com comprimentos de onda mais curtos viajam mais depressa [52-54]. A dispersão anómala é importante, pois é um pré-requisito para a propagação de solitões e para a instabilidade modulacional [55].

Para que os componentes fotónicos de silício permaneçam opticamente independentes do silício a granel da bolacha em que são fabricados, é necessário dispor de uma camada de material intermédio. Trata-se geralmente de sílica, que tem um índice de refração muito inferior (de cerca de 1,44 na região de comprimento de onda de interesse [56]), pelo que a luz na interface silício-sílica (tal como a luz na interface silício-ar) sofrerá uma reflexão interna total e permanecerá no silício. Esta construção é conhecida como silício sobre isolador [38, 39]. O seu nome vem da tecnologia de silício sobre isolador em eletrónica, em que os componentes são construídos sobre uma camada de isolador para reduzir a capacitância parasita e assim melhorar o desempenho [57].

## 2.2.2. Não linearidade de Kerr

O silício tem uma não-linearidade Kerr focalizada, em que o índice de refração aumenta com a intensidade ótica [10]. Este efeito não é especialmente forte no silício a granel, mas pode ser grandemente reforçado utilizando um guia de ondas de silício para concentrar a luz numa área de secção transversal muito pequena [48]. Este facto permite observar efeitos ópticos não lineares a baixas potências. A não linearidade pode ser ainda mais acentuada utilizando um guia de ondas com ranhuras, no qual o elevado índice de refração do silício é utilizado para confinar a luz numa região central preenchida com um polímero fortemente não linear [58].

**Aleatório não linear**
**Ficha ótica**

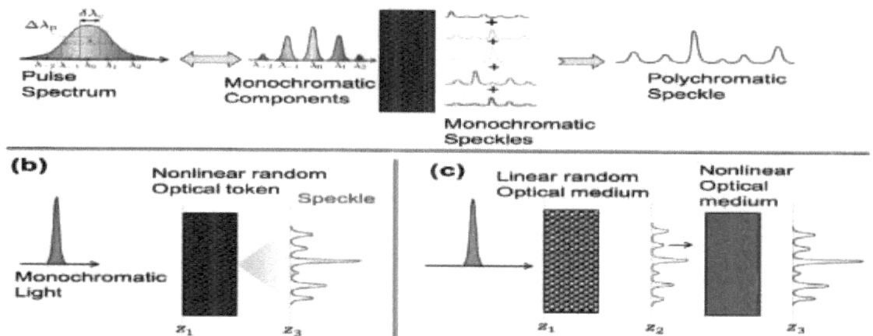


## Não linearidade de Kerr

A não linearidade de Kerr está subjacente a uma grande variedade de fenómenos ópticos [55]. Um exemplo é a mistura de quatro ondas, que tem sido aplicada em silício para realizar a amplificação paramétrica ótica [59], a conversão paramétrica de comprimentos de onda [60] e a geração de pentes de frequência [59-61]. A não-linearidade de Kerr pode também causar instabilidade modulacional, na qual reforça os desvios de uma forma de onda ótica, levando à geração de bandas laterais espectrais e à eventual quebra da forma de onda num conjunto de impulsos [62]. Outro exemplo é a propagação de solitões.

## 2.2.3. Absorção de dois fótons

O silício apresenta absorção de dois fotões (TPA), em que um par de fotões pode atuar para excitar um par eletrão-buraco [63]. Este processo está relacionado com o efeito Kerr e, por analogia com o índice de refração complexo, pode ser considerado como a parte imaginária de uma não linearidade Kerr complexa [63]. No comprimento de onda de 1,55 micrómetros das telecomunicações, esta parte imaginária é aproximadamente 10% da parte real [64]. Neste contexto, a influência da TPA é altamente perturbadora, uma vez que tanto desperdiça luz como gera calor indesejado [64]. Esta influência pode ser atenuada, quer mudando para comprimentos de onda mais longos (em que o rácio TPA/Kerr diminui) [65], quer utilizando guias de onda com ranhuras (em que o material não linear interno tem um rácio TPA/Kerr mais baixo) [66]. Em alternativa, a energia perdida através da TPA pode ser parcialmente recuperada (como se descreve a seguir), extraindo-a dos portadores de carga gerados.

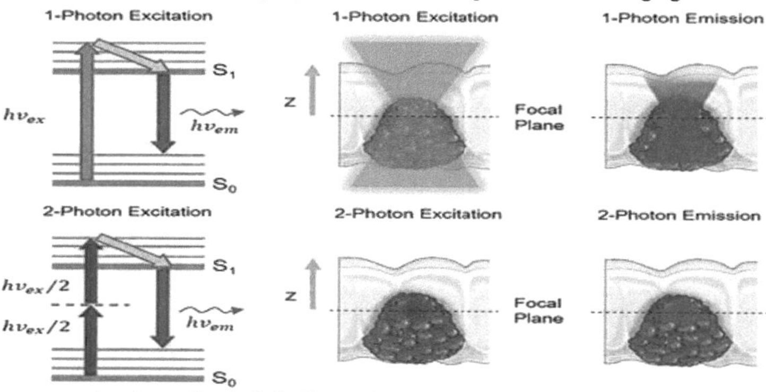


**O silício apresenta absorção de dois fótons (TPA)**

## 2.2.4. Interacções de portadores de carga livre

Os portadores de carga livre no silício podem absorver fotões e alterar o seu índice de refração [67]. Este facto é particularmente significativo em intensidades elevadas e durante longos períodos de tempo, devido à concentração de portadores acumulada pela TPA. A influência dos portadores de carga livre é frequentemente (mas nem sempre) indesejável, tendo sido propostos vários meios para os eliminar. Um desses métodos consiste em implantar hélio no silício para aumentar a recombinação dos portadores [68]. Uma escolha adequada da geometria pode também ser utilizada para reduzir o tempo de vida dos portadores. As guias de onda com nervuras (em que as guias de onda consistem em regiões mais espessas numa camada mais larga de silício) melhoram tanto a recombinação dos portadores na interface sílica-silício como a difusão dos portadores a partir do núcleo da guia de onda [69].

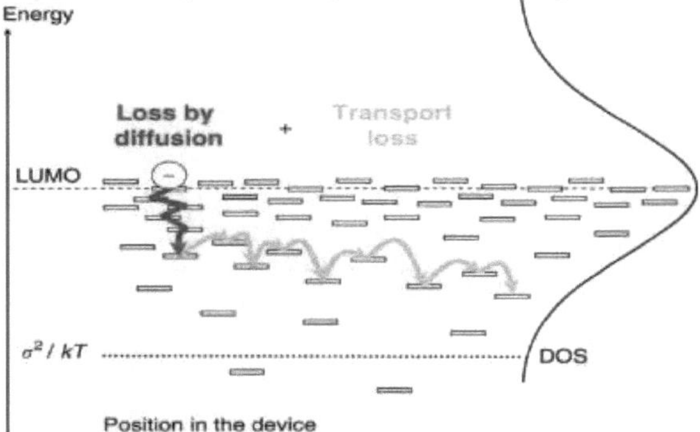


**Interacções com o transportador a título gratuito.**

Um esquema mais avançado para a remoção de portadores consiste em integrar a guia de ondas na região intrínseca de um díodo PIN, que é polarizado inversamente de modo a que os portadores sejam atraídos para longe do núcleo da guia de ondas [70]. Um esquema ainda mais sofisticado consiste em utilizar o díodo como parte de um circuito em que a tensão e a corrente estão fora de fase, permitindo assim a extração de energia da guia de ondas [66]. A fonte desta energia é a luz perdida pela absorção de dois fotões, pelo que, recuperando parte dela, a perda líquida pode ser reduzida. A partir daí, os efeitos de portadores de carga livre também podem ser utilizados de forma construtiva, a fim de modular a luz [52, 53, 71].

## 2.2.5. Não linearidade de segunda ordem

As não-linearidades de segunda ordem não podem existir no silício a granel devido à simetria central da sua estrutura cristalina. No entanto, ao aplicar tensão, a simetria de inversão do silício pode ser quebrada. Isto pode ser obtido, por exemplo, depositando uma camada de nitreto de silício numa película fina de silício [72]. Os fenómenos não lineares de segunda ordem podem ser explorados para a modulação ótica, a conversão paramétrica descendente, a amplificação paramétrica, o processamento ultrarrápido de sinais ópticos e a geração de infravermelhos médios. No entanto, uma conversão não linear eficiente exige uma mudança de fase entre as ondas ópticas envolvidas. Os guias de onda não lineares de segunda ordem baseados em silício deformado podem atingir a correspondência de fase através de engenharia de dispersão [73]. Até à data, contudo, as demonstrações experimentais baseiam-se apenas em projectos que não estão emparelhados em termos de fase [74]. Foi demonstrado que também é possível obter o emparelhamento em termos de fase em guias de onda de silício de dupla ranhura revestidos com um revestimento orgânico altamente não linear [75] e em guias de onda de silício periodicamente deformados [76].

## 2.2.6. Efeito Raman

O silício apresenta o efeito Raman, no qual um fotão é trocado por um fotão com uma energia ligeiramente diferente, correspondendo a uma excitação ou relaxação do material. A transição Raman do silício é dominada por um pico de frequência único e muito estreito, o que é problemático para fenómenos de banda larga como a amplificação Raman, mas é benéfico para dispositivos de banda estreita como os lasers Raman [44]. Os primeiros estudos sobre a amplificação Raman e os lasers Raman começaram na UCLA, o que levou à demonstração de amplificadores Raman de silício com ganho líquido e de um laser Raman pulsado de silício com ressoador de fibra (Optics express 2004). Consequentemente, foram fabricados lasers Raman totalmente em silício em 2005 [76].

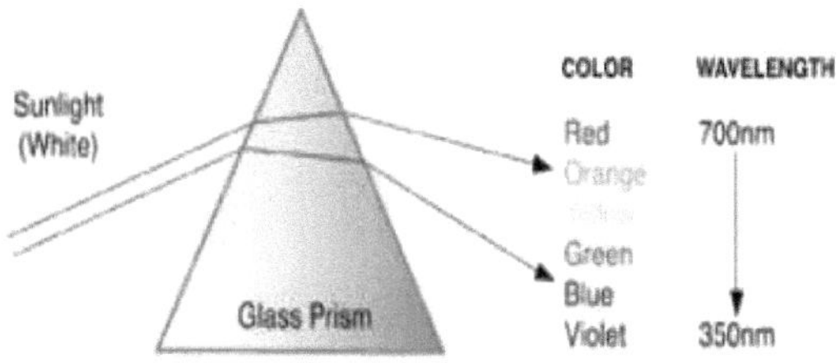


**Efeito Raman do silício.**

## 2.2.7. Efeito Brillouin

No efeito Raman, os fotões são desviados para o vermelho ou para o azul por fões ópticos com uma frequência de cerca de 15 THz. No entanto, as guias de ondas de silício também suportam excitações de fões acústicos. A interação destes fões acústicos com a luz é designada por dispersão de Brillouin. As frequências e as formas modais destes fões acústicos dependem da geometria e da dimensão das guias de ondas de silício, o que permite produzir uma forte dispersão de Brillouin a frequências que vão de alguns MHz a dezenas de GHz [77, 78]. A dispersão de Brillouin estimulada tem sido utilizada para fabricar amplificadores ópticos de banda estreita [79-81], bem como lasers de Brillouin totalmente em silício. A interação entre fotões e fonões acústicos é também estudada no domínio da opto-mecânica de cavidades, embora não sejam necessárias cavidades ópticas 3D para observar a interação [82]. Por exemplo, para além das guias de onda de silício, o acoplamento opto-mecânico foi também demonstrado em fibras [83] e em guias de onda de calcogenetos [84].

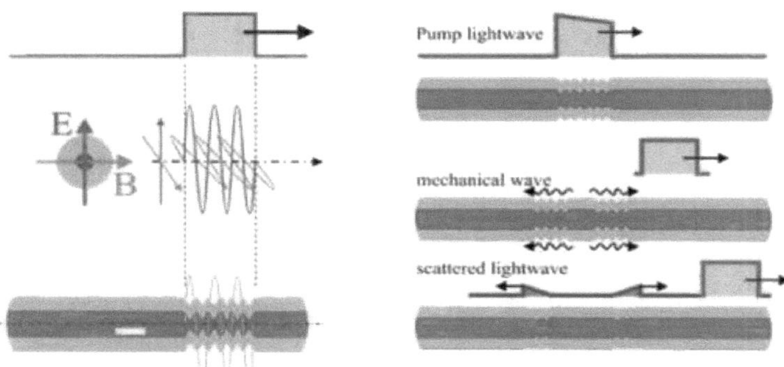


**Efeito Brillouin**

## 2.2.8. Solitões

A evolução da luz através de guias de onda de silício pode ser aproximada por uma equação de Schrödinger cúbica não linear [44], que se destaca por admitir soluções de solitões do tipo sech [85 89]. Estes solitões ópticos (que também são conhecidos em fibras ópticas) resultam de um equilíbrio entre a auto-modulação de fase (que faz com que a extremidade inicial do impulso seja deslocada para o vermelho e a extremidade final para o azul) e a dispersão anómala da velocidade de grupo. Estes solitões foram observados em guias de onda de silício por grupos das universidades de Columbia [58], Rochester [55] e Bath [59].

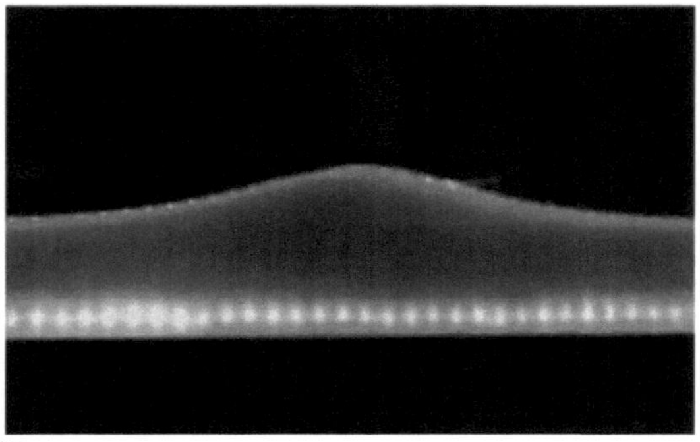

**Soluções de solitões.**

## 2.3. Fotónica de silício Venture Open-Light

Desde a nova empresa de fotónica de silício da Synopsys e da Juniper Networks, a Open-Light, até aos avanços da Intel na fotónica integrada multi-comprimento de onda, a fotónica de silício está certamente a ter um momento de destaque. O fabrico de circuitos fotónicos utilizando tecnologias CMOS, também conhecidas como fotónica de silício, não só oferece a escala de fabrico à escala de bolacha de semicondutores, como também permite vantagens em novas aplicações electrónicas que utilizam as propriedades da luz em computação, comunicação, deteção e imagem.

Por estas razões, a fotónica de silício está a ser cada vez mais utilizada em aplicações de comunicações de dados ópticos, deteção, biomédicas, automóveis, realidade virtual e inteligência artificial (IA). Até há pouco tempo, o principal desafio para a fotónica de silício era o custo de adicionar lasers discretos que funcionavam como "fonte de alimentação" para os circuitos fotónicos, o que inclui o fabrico, bem como a montagem e o alinhamento desses lasers no chip fotónico. Continue a ler para obter uma visão macro da indústria da fotónica de silício, incluindo as vantagens da integração eletrónica, a forma como a indústria está a acelerar o desenvolvimento de concepções de circuitos integrados fotónicos em todos os mercados, a razão pela qual as empresas estão interessadas em mudar para lasers integrados e muito mais.

**Empresa de fotónica de silício Open-Light.**

## 2.4. As principais vantagens da fotónica de silício

Agora que a indústria pode fabricar PICs de forma eficiente em bolachas de silício, todos os benefícios que a fotónica de silício traz podem começar a ser aproveitados na eletrónica convencional. Uma das principais vantagens dos PIC é o facto de permitirem, alargarem e aumentarem a transmissão de dados. Historicamente, para distâncias maiores, as ligações de cobre atingiram primeiro o limite da largura de banda em relação ao consumo de energia. Mais recentemente, as ligações de fibra ótica estão a ser utilizadas em centros de dados para ligações cada vez mais curtas na arquitetura da rede. A tendência mais recente é aproximar ainda mais as conexões ópticas dos ASICs do switch, passando de um transcetor ótico plugável para um chiplet de E/S ótica que está no mesmo pacote que o switch. Isto reduz as distâncias para as ligações SerDes eléctricas de alta velocidade, reduzindo o consumo global de energia para a E/S.

## 2.5. Aplicações de fotónica de silício

Para além de ser utilizada em centros de dados, a fotónica de silício também pode ser utilizada para deteção, o que é benéfico para uma variedade de indústrias diferentes. Por exemplo, a deteção ótica, a transmissão de um sinal e a receção de um sinal ótico refletido ou transmitido, pode ajudar a determinar as propriedades do ambiente circundante. Esta atividade de deteção é benéfica para aplicações biomédicas e de saúde, como o diagnóstico e a análise, e para aplicações vestíveis de saúde do consumidor, bem como para LiDAR para automação industrial e condução autónoma.

Os chips LiDAR de estado sólido estão a ganhar força no espaço dos veículos autónomos e da automação industrial. Em vez de utilizar sinais de radiofrequência (RF), o LiDAR utiliza a luz que é reflectida nas superfícies para analisar e fornecer informações críticas sobre o que se passa na estrada e dar indicações sobre a forma como o automóvel deve reagir (por exemplo, em que direção os objectos se estão a mover, onde podem existir obstáculos, etc.). É claro que a conceção de qualquer coisa que venha a ser utilizada na indústria automóvel implica muitos regulamentos de segurança que têm de ser tidos em conta. No que diz respeito às aplicações LiDAR generalizadas e de grande volume para o consumidor, a realidade virtual aumentada já foi introduzida em alguns smartphones. Outra aplicação provável em grande escala da fotónica de silício é a medição da saúde humana, incluindo o ritmo cardíaco, a saturação e os níveis de hidratação para dispositivos portáteis, como relógios inteligentes e dispositivos médicos implantados no corpo.

Como em qualquer processo de desenvolvimento de produtos, as decisões sobre qual a tecnologia mais adequada para uma aplicação específica têm de ser cuidadosamente ponderadas e incluem factores como o custo, os requisitos de desempenho, o tempo que demorará a chegar ao mercado e as relações pré-existentes com fundições e fornecedores de embalagens.

## 2.6. A mudança para lasers integrados

Tal como uma fonte de tensão num circuito elétrico, os lasers são a fonte de energia para um circuito fotónico de silício. Atualmente, é impossível fabricar uma fonte de luz (ou laser) em silício devido ao intervalo de banda indireto do material. É por isso que materiais como o fosforeto de índio são utilizados para criar lasers semicondutores para comprimentos de onda utilizados em telecomunicações e comunicações de dados.

Empresas como a Open-Light aperfeiçoaram várias técnicas para integrar o fosforeto de índio em chips de fotónica de silício para criar lasers, moduladores e detectores integrados que accionam o circuito fotónico. Isto permite aos clientes colher os benefícios dos processos de fabrico padrão e obter os muitos benefícios de desempenho da fotónica de silício. Além disso, podem ser utilizados vários lasers com comprimentos de onda ligeiramente diferentes no mesmo sistema para aumentar ainda mais a escala. No passado, as matrizes de laser de ligação híbrida suscitavam preocupações em termos de fiabilidade, mas os lasers integrados aumentam a fiabilidade e abrem a possibilidade de aplicações que requerem múltiplos lasers ou secções de amplificação. No entanto, os projectistas não devem ignorar o aspeto térmico, uma vez que os lasers geram calor que deve ser tido em conta na conceção do circuito e da embalagem.

A indústria da fotónica de silício está apenas a começar devido ao enorme valor técnico e económico que representa. Quanto mais próxima estiver a entrada/saída (E/S) ótica do núcleo de silício (através da integração heterogénea 2,5/3D), menor será a penalização da comunicação, o que a torna perfeita para aplicações de computação de elevado desempenho e de inteligência artificial. Seja qual for o futuro da fotónica de silício, estamos entusiasmados por fazer parte dos investimentos que estão a ser feitos na indústria e das muitas inovações que serão possíveis com esta tecnologia.

# Capítulo 3

# Fotónica integrada

## 3.1. A integração de materiais em pastilhas fotónicas

Do ponto de vista dos fabricantes de semicondutores convencionais, existem vários desafios à integração de componentes fotónicos num chip. Mas talvez o maior desafio para os circuitos integrados fotónicos (chips fotónicos, ou PICs) seja o facto de a procura enfrentar um crescimento quase exponencial em vários mercados verticais, como o das fibras ópticas para comunicações de dados e telecomunicações.

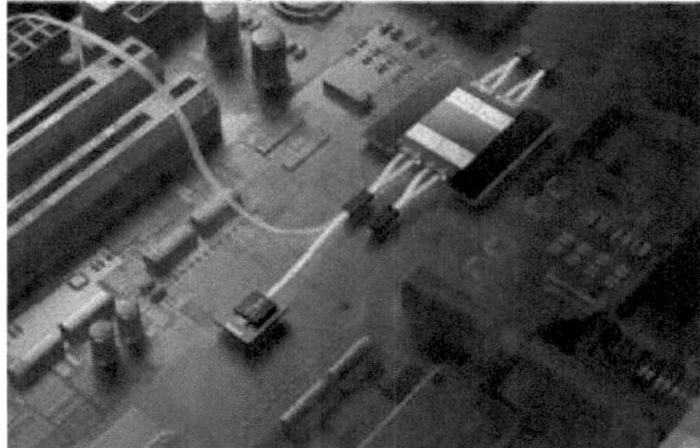

**A fotónica molda o futuro da computação Glossário-chip.**

Na microeletrónica, o aumento de escala para satisfazer a procura crescente foi conseguido através da tecnologia de fabrico de semicondutores de óxido metálico complementar (CMOS) de silício, agora muito conhecida. A maturidade dos métodos de fabrico CMOS faz com que seja atualmente o método preferido da indústria de semicondutores para fabricar tudo. A própria maturidade e complexidade do processo CMOS contribuiu para melhorar a qualidade de muitos produtos fotónicos. Os melhores exemplos são os processadores de sinais digitais que melhoram o desempenho da ótica lenta para fornecer codificação de alto nível para os actuais débitos de dados mais elevados. Quanto mais complexa for uma tecnologia de dispositivos electrónicos integrados, menos a variedade de plataformas tecnológicas pode sustentar o seu crescimento.

Uma tendência semelhante pode ser observada na fotónica integrada. Existem três grandes plataformas de materiais para fabricar os componentes incorporados num PIC. O silício, ou fotónica de silício (SiPh), e o nitreto de silício (SiN) utilizam ambos uma bolacha de silício convencional como substrato para o fabrico de dispositivos. A outra grande plataforma material é o fosforeto de índio (InP), um material semicondutor composto III-V.

Estas três plataformas principais para a integração da fotónica são complementares. Nenhuma plataforma pode servir todas as funções de um PIC. O principal fator de diferenciação entre as plataformas é que apenas a InP permite o fabrico de elementos activos, como lasers, num circuito fotónico. No entanto, a InP apresenta perdas de propagação relativamente elevadas quando guia os sinais de luz, o que a torna uma má escolha para componentes passivos, como guias de ondas.

Uma desvantagem do InP é que a eletrónica complexa é bastante difícil de fabricar, em geral - especialmente os projectos que envolvem integração em grande e muito grande escala. Os elementos de Si e SiN, embora sejam materiais de fabrico mais familiares, não suportam lasing ou outros elementos activos. No entanto, estes materiais oferecem perdas de propagação de luz significativamente mais baixas, especialmente a plataforma SiN, que é mesmo adequada para guiar os sinais de emissores de um único fotão.

## 3.2. Comparação de métodos de fabrico para a integração de materiais III-V

| | Microembalagem | Híbrido | Heterogéneo | Impressão por transferência | Heteroepitaxia |
|---|---|---|---|---|---|
| Compatibilidade CMOS | Embalagem | Embalagem | Extremidade | Extremidade | Extremidade |

|  |  |  | traseira | traseira | frontal |
| --- | --- | --- | --- | --- | --- |
| Densidade de integração | - | - · | - · | - · | - · · |
| Precisão do alinhamento | - · | - | - · | - · | - · · |
| Rendimento | - | - · | - · | - · | - · · |
| Maturidade | - · · | - · · | - · | - | - |
| Custo | $$$ | $$$ | $$ | $ | $ |

Outro fator de diferenciação é o facto de a plataforma InP só estar disponível comercialmente em formatos de bolacha de 3 e 4 polegadas, ao contrário das plataformas baseadas em silício com quase 12 polegadas de diâmetro atualmente disponíveis. Este facto afecta as economias de escala para estruturas de custos de grande volume construídas em substratos InP.

A natureza complementar das três plataformas de materiais significa que, eventualmente, a indústria procurará combiná-las da forma mais eficiente para fabricar PIC altamente complexos. A diversidade de plataformas de materiais disponíveis para os projectistas de PIC é ainda multiplicada pela variedade de formas de integrar e empacotar circuitos fotónicos.

Os métodos mais comuns para combinar estas plataformas de materiais num PIC estão resumidos na tabela seguinte e descritos abaixo.

A microembalagem é uma das primeiras abordagens adoptadas para desenvolver a fotónica de silício. A técnica associa um laser externo numa microembalagem aos guias de ondas na plataforma de silício. No entanto, a complexidade deste método aumenta significativamente à medida que o número de lasers aumenta na conceção de um chip, o que acaba por pôr em causa a escalabilidade da plataforma.

A integração híbrida adopta uma abordagem diferente. Em vez de acoplar uma pastilha de silício ou SiN a um laser, esta abordagem combina todo o PIC numa plataforma de material III-V, incluindo um laser, um conjunto de lasers ou um conjunto de lasers com moduladores. A integração híbrida é um termo lato que é amplamente utilizado pelas empresas que trabalham na integração fotónica. O exemplo mais proeminente da sua aplicação ao nível da fundição é a Joint European Pilot Line for Indium Phosphide-Integrated Photonics, ou JePPIX, que oferece serviços de fundição através do Fraunhofer Heinrich Hertz Institute em Berlim e da SMART Photonics em Eindhoven, Países Baixos. A Infinera, a Lumentum e outras fundições também oferecem produtos baseados em materiais InP que são adequados para a integração híbrida.

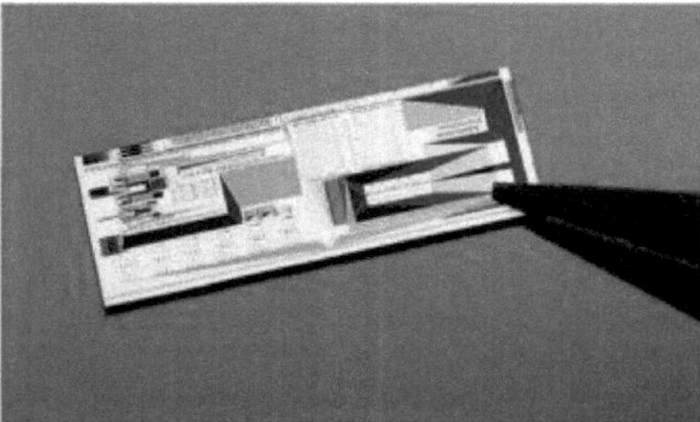

**Um circuito integrado fotónico (PIC) numa pastilha.**

A integração heterogénea é outra abordagem de fabrico para a ligação de materiais III-V sobre o silício através da ligação convencional de matrizes. Esta tecnologia está a tornar-se muito madura. O CEA-Leti e o imec estão a explorar ativamente este processo de integração, com o imec a avançar para uma nova plataforma de bolacha de 12 polegadas em silício dopado com fósforo (SiP). As principais fundições de silício - como a Intel, a Juniper, a Advanced Micro Foundry (AMF) e a Tower Semiconductor - exploram este método, apesar de exigir um processo muito específico. Os métodos de integração heterogénea são facilmente escaláveis, mas requerem um grande investimento para serem construídos de raiz.

A integração heterogénea à escala da bolacha cria membranas III-V que contêm optoelectrónica nativa e dispositivos de guia de ondas nanofotónicos submicrónicos na mesma camada. Esta técnica está a ser explorada conjuntamente no JePPIX e na Universidade Técnica de Eindhoven. Essas membranas podem também ser integradas sobre a eletrónica, o que permite a montagem da fotónica e da eletrónica à escala da bolacha, utilizando interconexões de alta densidade fabricadas com litografia de precisão.

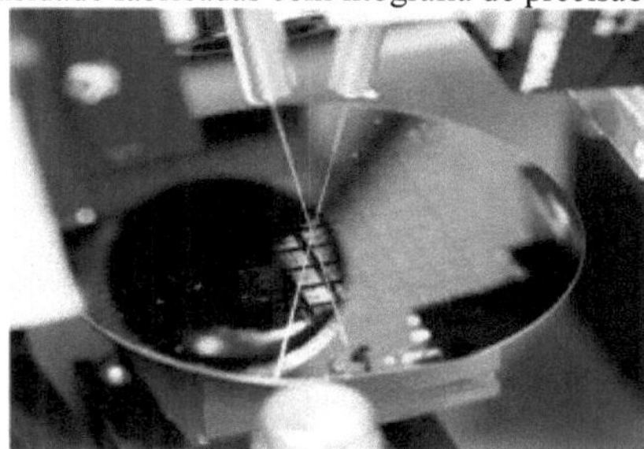

**Integração de membranas heterogéneas de fosforeto de índio (InP) à escala da bolacha**

A impressão por microtransferência é outro método que emergiu recentemente de desenvolvimentos académicos. Implica o fabrico de cupões com dispositivos activos incorporados e a sua transferência à escala através de um carimbo em volumes relativamente grandes, para que possam ser transferidos vários cupões ao mesmo tempo. O carimbo é então alinhado e ligado a uma bolacha portadora que contém circuitos passivos, como guias de onda de silício ou SiN. A impressão por transferência é uma abordagem muito mais escalável do que a microembalagem. Esta técnica de integração foi, entre outras, desenvolvida pelo imec, que está a trabalhar nos principais desafios, como a manutenção de tolerâncias precisas para o alinhamento dos carimbos.

A hetero-epitaxia - frequentemente descrita como o Santo Graal para o fabrico preciso e escalável de PICs altamente complexos - está ainda em desenvolvimento em laboratórios académicos de todo o mundo. Envolve a integração monolítica de materiais III-V no silício e promete um fabrico de baixo custo, mas em grande escala, com elevado rendimento, bem como um alinhamento exato, a utilização eficiente de materiais III-V e uma potencial compatibilidade com os processos CMOS de silício de ponta. A hetero-epitaxia permitiria ainda a existência de PICs que incluem múltiplos band-gaps obtidos por crescimento seletivo de área, etapas de recrescimento ou mistura de materiais, como acontece no caso do InP. Dadas as suas potenciais vantagens, este processo é uma área de investigação ativa no meio académico e na indústria, com iniciativas em curso na AIM Photonics, imec e NTT, entre outras. Muitas fundições CMOS tradicionais estão também a explorar o crescimento epitaxial de materiais III-V sobre silício como uma tecnologia "mais do que Moore" (em referência à lei de Moore) para alargar ainda mais a escala de desempenho dos transístores para além do que a eletrónica convencional de silício pode alcançar, tirando partido da fotónica.

A integração híbrida parece ser a abordagem à qual muitas empresas estão a dedicar recursos a curto prazo. Entretanto, para além das três principais plataformas de materiais PIC SiPh, SiN e InP, várias novas plataformas PIC abrem ainda mais possibilidades para a abordagem de integração híbrida.

O titanato de bário (BTO) é um material com um efeito Pockels naturalmente elevado, o que permite que o material seja utilizado para modulação ótica. A Lumiphase, na Suíça, está a desenvolver a tecnologia como uma plataforma PIC híbrida baseada na fotónica de silício.

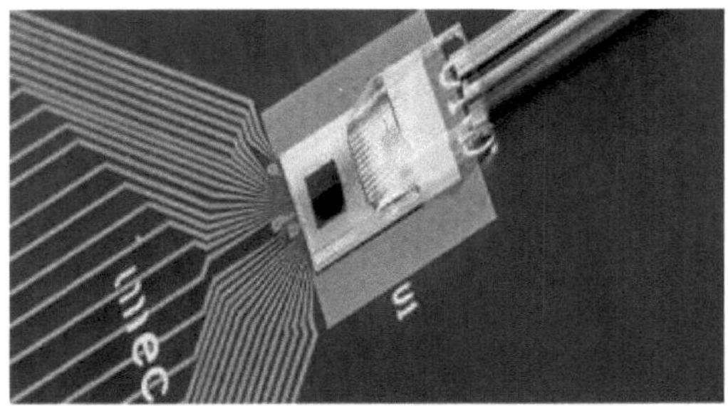

**Protótipo de um transcetor fotónico híbrido CMOS-silício desenvolvido no imec.**

O niobato de lítio de película fina (TFLN) modifica o material convencional de niobato de lítio que tem sido utilizado para fabricar moduladores ópticos para redes de telecomunicações desde a década de 1990. Embora a pegada ou o tamanho dos dispositivos TFLN seja maior do que os fabricados a partir de polímeros electro-ópticos, o TFLN pode mais facilmente tirar partido da maturidade dos métodos de fabrico de semicondutores a curto prazo. A Hyper-Light, sediada em Cambridge, Massachusetts, está a desenvolver TFLN para modulação ótica de alta velocidade com larguras de banda electro-ópticas superiores a 50 GHz.

Os polímeros electro-ópticos permitem moduladores ópticos 2 a 3 vezes mais rápidos do que as plataformas de materiais convencionais. O polímero é utilizado na forma líquida, o que lhe permite aumentar o desempenho dos semicondutores de estado sólido. Como o material também é orgânico, pode ser facilmente implementado em processos de fundição de silício para fabrico de grandes volumes.

Os polímeros electro-ópticos podem permitir que os moduladores ópticos de alta velocidade, que funcionam abaixo de um volt de polarização, sejam diretamente accionados por componentes electrónicos no chip, evitando a despesa adicional de controladores externos. A utilização destes materiais reduz o consumo de energia ao diminuir a tensão de acionamento e permite que os chips electrónicos de processamento de sinais digitais sejam mais eficientes em termos de energia. A Light-wave Logic, em Englewood, Colorado, está a desenvolver uma plataforma de polímeros electro-ópticos para moduladores que já demonstraram larguras de banda elétrico-ópticas superiores a 100 GHz e 3 dB.

Serão necessárias várias plataformas de materiais para dar resposta ao crescente volume e variedade de aplicações fotónicas integradas. Atualmente, a abordagem de integração híbrida para o fabrico de dispositivos é a mais popular em toda a indústria. Mas os PIC completamente contidos em camadas de materiais III-V que são cultivados em silício utilizando a hetero-epitaxia oferecem maiores vantagens tecnológicas e económicas e um potencial desempenho. No entanto, será necessário mais tempo para melhorar ainda mais antes que a hetero-epitaxia possa demonstrar chips fotónicos funcionais fabricados em grande volume. Em última análise, nenhuma plataforma de material único pode cobrir todas as necessidades de um projetista de PIC. A aplicação-alvo determinará a escolha das plataformas de materiais nas pastilhas fotónicas, enquanto os requisitos de fabrico e de custos determinarão a abordagem de integração utilizada para as fabricar.

### 3.3. A nova era da tecnologia

Vivemos numa era de eletrónica em que cada tecnologia é uma dádiva do enorme trabalho de investigação da indústria eletrónica e todos sabemos que "Mudança é vida, mudança é progresso. A mudança é a via de todo o sucesso". Para fazer a diferença, a ciência dá sempre passos onde é necessário. Nos últimos tempos, a fotónica é outro passo possível, eficaz e eficiente em direção ao futuro.

### 3.3.1. Rumo à fotónica

A investigação mostra as vantagens da fotónica em relação à eletrónica em muitos casos. Em primeiro lugar, a luz é mais rápida do que a eletricidade. Assim, é mais fácil e mais rápido transmitir qualquer sinal ou dados através da fotónica. O mundo anseia por tecnologias mais rápidas e, ao mesmo tempo, que sejam mais pequenas em tamanho e baratas em preço, com menor consumo de energia. Além disso, podemos cumprir todos os critérios utilizando fotões em vez de electrões.

A luz que se desloca no espaço e as lentes são a ótica. Pelo contrário, na fotónica, quando a luz atinge ou atravessa qualquer partícula sólida, transforma-se num sinal digital. É por isso que as imagens se tornam mais precisas, digitalizadas e informativas.

## 3.4.Aplicações

O mundo tem assistido a uma série de aplicações da fotónica. O diagnóstico médico, a defesa por laser, os sensores, a comunicação de dados, a fotovoltaica e a fotónica integrada são algumas das principais aplicações da fotónica. A fotónica tem também uma enorme contribuição para o processamento de imagens. Empresas gigantes como a Face-book, a Google e a Amazon estão muito dependentes da imagiologia. A colaboração entre a fotónica e a ótica dará origem a uma nova forma de imagiologia e, provavelmente, será a melhor tecnologia de imagiologia que o mundo alguma vez viu.

### 3.4.1. Chips baseados em fotónica

Os circuitos integrados fotónicos (PIC), outro nome para os chips de base fotónica, são uma tecnologia em desenvolvimento que poderá alterar completamente o sector informático. Os PICs utilizam luz ou fotões para transmitir dados entre elementos, por oposição aos sinais eléctricos. Em comparação com os circuitos eléctricos convencionais, isto permite uma transferência de dados mais rápida, um menor consumo de energia e uma maior largura de banda.

Os sinais eléctricos são utilizados pelos chips de computador convencionais para estabelecer a interface entre as suas partes. Esta abordagem funciona bem em distâncias curtas, mas à medida que a separação entre os módulos aumenta, a intensidade do sinal deteriora-se e a taxa de transmissão de dados torna-se mais lenta. Além disso, os sistemas electrónicos produzem calor, o que pode prejudicar a eficácia dos chips. Estas são as origens dos chips baseados na fotónica. Uma vez que os PIC utilizam a luz para transferir dados entre componentes, podem fazê-lo mais rapidamente, com menos energia e com uma maior largura de banda. Embora a inovação dos PIC já seja conhecida há algum tempo, as recentes melhorias nos métodos de fabrico aumentaram a sua viabilidade para aplicações industriais.

### 3.5.Vantagens da fotónica em relação à eletrónica

**Maior largura** de banda: Em comparação com as tecnologias baseadas na eletrónica, os métodos baseados na fotónica oferecem uma largura de banda muito maior. Isto deve-se ao facto de os fotões poderem transportar mais informação por segundo do que os electrões, uma vez que têm uma frequência superior à dos electrões.

**Transmissão de dados mais rápida:** Os electrões não se movem tão rapidamente como a luz. Consequentemente, as estruturas geralmente baseadas na fotónica podem transmitir dados muito mais rapidamente do que as estruturas baseadas na eletrónica. Em comparação com as tecnologias actuais, um dispositivo baseado na fotónica, por exemplo, pode transportar dados a um ritmo de terabit por segundo.

**Utilização mínima de energia:** Os sistemas baseados na fotónica consomem menos eletricidade do que os sistemas baseados na eletrónica. Isto deve-se ao facto de os fotões transmitirem dados com menos energia do que os electrões.

Além disso, as estruturas em fotónica produzem menos calor, o que reduz a necessidade de arrefecimento e diminui ainda mais o consumo de energia.

**Redução da deterioração do sinal:** Em comparação com os sistemas baseados em eletrónica, os sistemas baseados em fotónica são menos propensos à degradação do sinal. Isto deve-se ao facto de os fotões não serem afectados pela resistência ou interferência electromagnética, que podem degradar os sinais nos dispositivos electrónicos.

**Conceção compacta:** Os sistemas baseados na fotónica podem ser muito mais pequenos do que os baseados na eletrónica. Isto deve-se ao facto de os sistemas operativos baseados em fotónica serem muito mais compactos do que os seus equivalentes baseados em eletrónica. Um microchip também pode alojar todos os componentes necessários em soluções baseadas em fotónica, reduzindo substancialmente o seu tamanho.

À primeira vista, a tecnologia baseada na fotónica tem o potencial de transformar completamente o sector informático. Mais largura de banda, menor consumo de energia e taxas de transferência de dados mais rápidas são possíveis graças à utilização de luz em vez de electrões para transmitir dados. A utilização de dispositivos baseados em fotónica em centros de dados, telecomunicações e imagiologia médica é, portanto, perfeita. Embora a tecnologia já seja conhecida há algum tempo, novas melhorias nos métodos de fabrico aumentaram a sua viabilidade para aplicações comerciais. No entanto, podemos prever uma utilização mais ampla das tecnologias baseadas na fotónica numa série de sectores, à medida que a tecnologia se desenvolve. Com o potencial das tecnologias baseadas na fotónica, o futuro da computação parece promissor.

# Capítulo 4

# Integração fotónica de silício nas telecomunicações

A fotónica de silício consiste na orientação da luz num arranjo planar de materiais à base de silício para realizar várias funções. Centramo-nos aqui na utilização da fotónica de silício para criar transmissores e receptores para telecomunicações de fibra ótica. À medida que aumenta a necessidade de comprimir mais transmissão numa determinada largura de banda, numa determinada área de implantação e a um determinado custo, a fotónica de silício faz cada vez mais sentido em termos económicos.

## 4.1.Prefácio

Até cerca de 2002, as comunicações por fibra ótica para distâncias metropolitanas (80-600 km) e distâncias de longo curso (600-15 000 km) utilizavam maioritariamente a transmissão por chaveamento on-off (OOK) simples. Um melhor desempenho, ou seja, uma taxa de erro de bits (BER) mais baixa para a mesma potência ótica recebida e/ou para a mesma relação sinal/ruído ótica (OSNR), pode ser obtido utilizando formatos modulados em fase, como o BPSK (binary phase-shift keying) ou o QPSK (quadrature phase-shift keying). Estes formatos maximizam a distância entre os pontos da constelação para a mesma potência média do sinal. Nestes formatos de modulação "avançados" [90], o termo "símbolo" é utilizado para representar cada porção de dados no tempo, porque cada símbolo pode transportar vários bits de informação. Os primeiros BSPK e QPSK eram detectados por deteção diferencial, ou seja, interferindo um símbolo com o símbolo anterior num interferómetro no recetor.

No entanto, as necessidades de largura de banda têm vindo a crescer exponencialmente. A instalação de novas fibras ópticas é dispendiosa, ~$30 k por milha [91], pelo que os transportadores e os operadores de centros de dados precisavam de enviar mais bits por segundo na mesma fibra com a mesma largura de banda ótica. Uma maneira fundamental é usar ambas as polarizações ópticas, pois isso duplica a largura de banda disponível. Embora a ortogonalidade do sinal seja mantida, as suas polarizações são essencialmente alteradas de forma aleatória durante a propagação através da fibra. Para desembaralhá-las, é necessário um processamento significativo do sinal. A deteção ótica coerente permite que isso seja feito por eletrónica digital.

A deteção ótica coerente foi um tema quente na década de 1980, porque é uma forma de amplificação ótica. No entanto, a invenção do amplificador de fibra dopada com érbio (EDFA) eliminou essa vantagem e o interesse pela deteção coerente desapareceu. Outra vantagem da deteção coerente é a capacidade de receber o campo ótico completo, tanto a parte real como a parte imaginária de ambas as polarizações. Com as melhorias na eletrónica de semicondutores de óxidos metálicos complementares (CMOS), o processamento digital de sinais (DSP) ficou disponível por volta de 2002 para lidar com a deteção coerente mesmo até 100 Gb/s, provocando um renascimento da deteção coerente. No passado, a deteção coerente era simplesmente de quadratura simples e polarização simples. Atualmente, é de dupla quadratura e dupla polarização.

Os sistemas coerentes de 100 Gb/s provaram ser extremamente atraentes. Permitem uma atualização de um canal de 10 Gb/s para um canal de 100 Gb/s com um alcance efetivamente melhorado. As análises do sector mostram que o número de transceptores coerentes de 100 Gb/s de longa distância e metropolitanos vendidos por ano está a aumentar acentuadamente à medida que os transceptores OOK de 10 Gb/s são substituídos por transceptores coerentes de 100 Gb/s.

No entanto, prevê-se que o preço dos transceptores coerentes de 100 Gb/s baixe significativamente. Isto deve-se ao facto de os utilizadores quererem pagar o mesmo preço por ligação, apesar de a taxa de bits continuar a aumentar. No entanto, não só o preço tem de baixar, como também a área ocupada e o consumo de energia. Como se pode ver na Figura 1, os módulos de 100 Gb/s passaram de placas de linha completas para módulos aparafusados de $5 \times 7$ pol2 e, atualmente, para módulos conectáveis de $3,2 \times 5,7$ pol2. O atual fator de forma conectável de 100 Gb/s é designado por CFP. Amanhã será um CFP2, que tem metade do tamanho, e eventualmente um CFP4, que tem um quarto do tamanho. O consumo de energia passou de mais de 100 W numa placa de rede para 70 W no módulo aparafusado e para 28 W no CFP. O passo seguinte, o CFP2, permite apenas 12 W.

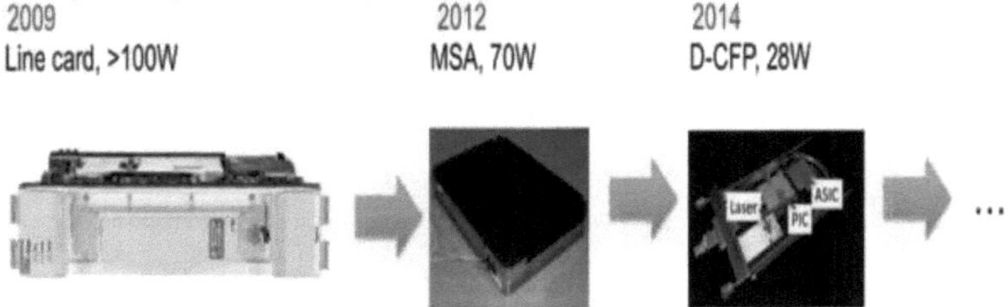


**Evolução do fator de forma do transcetor coerente de 100 GB/S**

Passou de uma placa de linha completa para um módulo MSA (multi-source agreement) e para um módulo CFP (form-fator pluggable) de 100 Gb/s. O D em D-CFP significa que se trata de um módulo digital e que o DSP está incluído no seu interior, ao contrário de um módulo que contém apenas a ótica.

Existem dois componentes principais num transcetor coerente - o chip DSP e a ótica. O atual CFP coerente contém ambos. Existe uma tendência, possivelmente temporária, para retirar o DSP do módulo e colocá-lo na placa de linha. Esses módulos são chamados de módulos "analógicos", em vez de digitais. Com a tecnologia atual, não é possível que tanto a ótica como o DSP tenham menos de 12 W, a potência máxima num CFP2. No entanto, dentro de 1-2 anos, a tecnologia estará provavelmente pronta para um CFP2 "digital".

Para satisfazer estes requisitos de preço mais baixo, menor potência e menor área de cobertura, é necessário efetuar avanços tecnológicos. No caso do DSP, é possível tirar partido da redução constante da dimensão dos transístores na indústria, o que reduz a potência e a área de implantação. A dimensão dos nós e o ano de introdução são apresentados no quadro. Os DSPs coerentes actuais utilizam 20-28 nm. Os de amanhã utilizarão 14 nm [92].

**Dimensão dos nós e primeiro ano de introdução comercial da eletrónica CMOS.**

| Tamanho do nó | Ano |
| --- | --- |

| Node Size | Year |
| --- | --- |
| 10 um | 1971 |
| 6 um | 1974 |
| 1.5 um | 1982 |
| 1.0 um | 1985 |
| 800 nm | 1989 |
| 600 nm | 1994 |
| 350 nm | 1995 |
| 250 nm | 1997 |
| 180 nm | 1999 |
| 130 nm | 2001 |
| 90 nm | 2004 |
| 65 nm | 2006 |
| 45 nm | 2008 |
| 32 nm | 2010 |
| 14.0 | 2014 |
| 10.0 | 2016 |
| 7.0 nm | 2018 |
| 5.0 nm | 2020 |

Para a ótica, é necessário recorrer à integração fotónica, que é o objeto do presente artigo. A maior parte dos transceptores coerentes actuais são construídos utilizando moduladores LiNbO3/plano de ondas luminosas (PLC) e receptores InP/PLC separados, como se mostra na figura. Estão a ser utilizados cada vez mais moduladores InP e receptores InP mais pequenos. No atual CFP coerente, existe um único circuito integrado fotónico de silício (SiPh) (PIC) que contém o emissor e o recetor [93]. Não é apresentado um laser sintonizável separado.

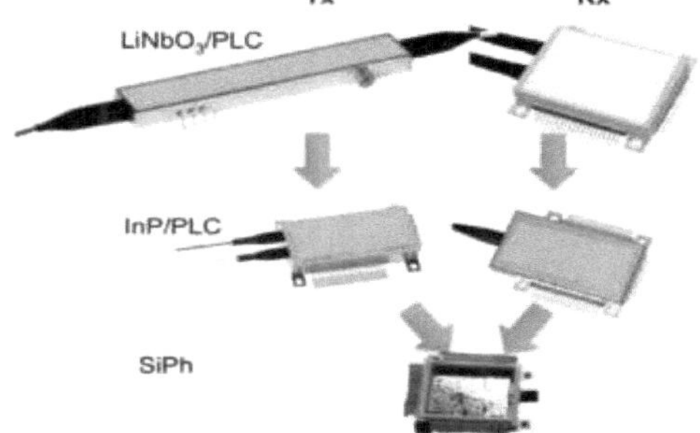


**Evolução da ótica coerente de 100 GB/S, passando de moduladores LINMO3 e receptores baseados em circuitos de onda-luz planares (PLC) para moduladores baseados em INP e recuperando para moduladores e receptores fotónicos de silício.**

Por último, um custo dominante para o DSP e a ótica é a embalagem; é possível reduzir ainda mais o custo, a potência e a área ocupada através da co-embalagem do DSP e da ótica. Prevê-se que tais emissores-receptores estejam disponíveis dentro de **2-3** anos.

A figura mostra muitos dos elementos que podem ser integrados num PIC. Os azuis são passivos, os vermelhos são activos (têm uma interação dinâmica prevista entre a luz e a matéria) e os verdes são componentes electrónicos. Os PICs existem há mais de 20 anos. As principais vantagens da integração fotónica são a pequena área ocupada, devido aos guias de onda fortemente confinantes e às ligações sem lentes entre as peças; a baixa potência, devido à eliminação das linhas de RF de 50-Ω; as ligações de RF de maior largura de banda; e o baixo preço, devido a menos pontos de contacto, sem ajustes mecânicos, menos equipamento de teste e menos material. As principais desvantagens dos PICs são normalmente uma perda de inserção mais elevada e a incapacidade de otimizar os componentes de forma independente.

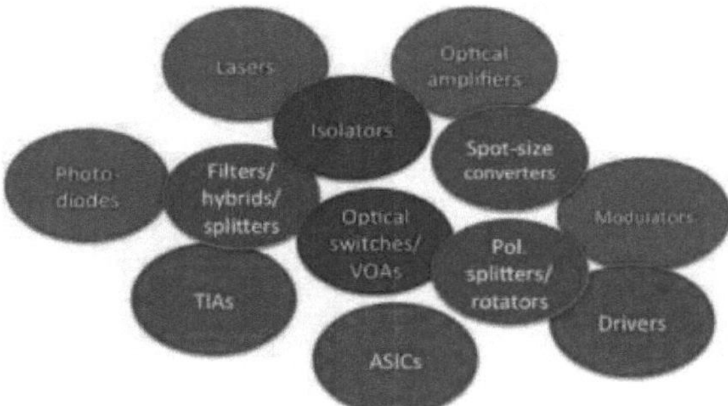


**Alguns dos possíveis elementos de integração do PIC.**

## 4.2.Sistemas de materiais PIC

A figura mostra os sistemas de materiais PIC mais populares. Da esquerda para a direita, há PIC de sílica sobre silício, também designados por PLC; PIC de silício sobre isolador, também designados por fotónica de silício; niobite de lítio (LiNbO3); e PIC III-V, como InP e GaAs. Este artigo centra-se na fotónica de silício. Na fotónica de silício, a luz é principalmente guiada no silício, que tem um intervalo de banda indireto de 1,12 eV (1,1 μm). O silício é um cristal puro cultivado num boule e depois cortado em bolachas, atualmente com 300 mm de diâmetro, como se mostra na figura 5. As superfícies são oxidadas para formar camadas de SiO2. Uma bolacha é bombardeada com átomos de hidrogénio até uma determinada profundidade. Em seguida, as duas bolachas são colocadas juntas no vácuo e as camadas de óxido ligam-se umas às outras. O conjunto é fendido na linha de implantação de hidrogénio. Em seguida, a camada de silício onde se encontrava a fissura é polida e fica-se com uma fina camada de silício cristalino sobre uma camada de óxido numa bolacha de silício de "pega" completa. Os guias de onda são formados a partir desta fina camada cristalina. Embora estas bolachas de silício sobre isolador (SOI) sejam o que torna possível a existência de guias de onda fotónicos de silício de baixa perda, na realidade são sobretudo utilizadas para circuitos CMOS de baixa potência, devido às baixas correntes de fuga que oferecem.

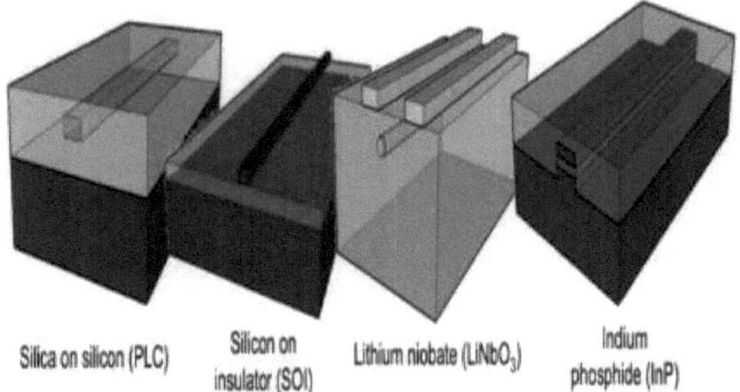


**Sistemas populares de materiais PIC.**
**O segundo a contar da esquerda é um guia de ondas de fio de silício.**

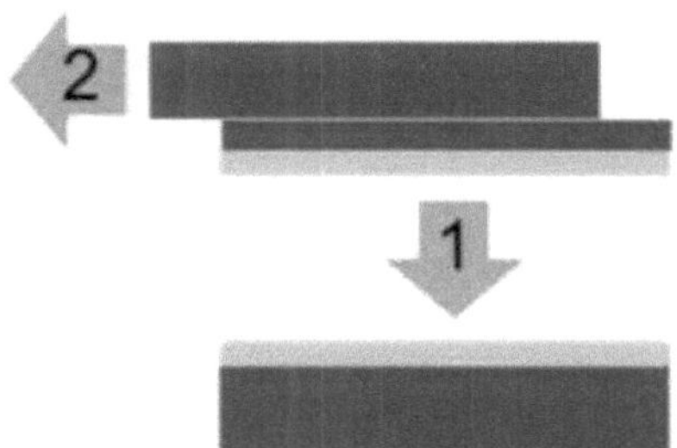


**Como é feita uma bolacha de silício sobre isolador. Cada bolacha é feita a partir de duas bolachas de silício. As bolachas são oxidadas, coladas e uma delas é cortada e polida até ficar com uma camada fina.**

Existe uma vasta família de possíveis guias de onda ópticos à base de silício, apresentada na figura. Estes vão desde guias de onda de SiO2 dopado com Ge à microescala até guias de onda de fio de Si à nanoescala. Adicionando Ge, é possível fabricar fotodetectores e moduladores de electroabsorção. Potencialmente, até amplificadores ópticos. Ao dopar o silício, é possível fabricar moduladores ópticos. Da esquerda para a direita, em baixo, encontram-se guias de onda de fio de silício, guias de onda de nitreto de silício, guias de onda de oxi-nitreto de silício, guias de onda de nervuras de silício espessas, guias de onda de nitreto de silício finas e guias de onda de sílica dopada. Da esquerda para a direita, no topo, estão um modulador de depleção, um fotodetector de Ge e um amplificador ótico de Ge.

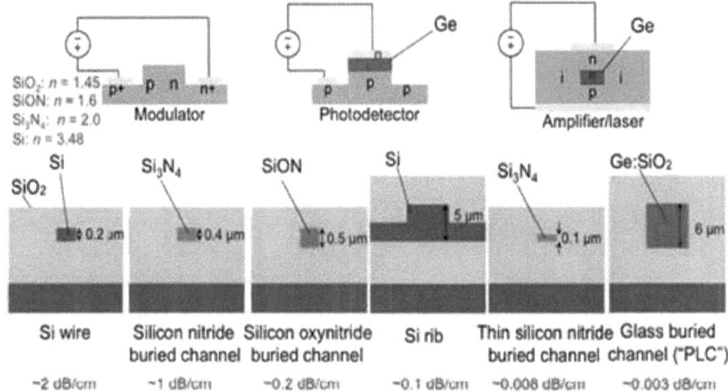


**Secções transversais da família de guias de onda ópticos baseados em Si. Também são mostradas as perdas de propagação e os índices de refração típicos.**

## 4.3. Elementos Passivos Si-Fotónicos

Existem vários elementos passivos fotónicos de silício fundamentais. Um deles é o acoplador de grelha de emissão de superfície, como se mostra na Figura 7A [94, 95]. Consiste numa forte grelha na guia de ondas com um passo aproximadamente igual ao comprimento de onda na guia de ondas. Isto faz com que a luz seja emitida ou recebida verticalmente em relação à superfície, o que é adequado para medições ao nível da bolacha e/ou acoplamento a uma fibra ótica. O acoplador de grelha é algo único na fotónica de silício porque requer um elevado contraste de índice vertical. Por exemplo, se se tentasse fazer um acoplador de grelha em guias de onda InP tradicionais, a luz iria simplesmente vazar para o substrato em vez de ser emitida verticalmente, porque o índice médio da guia de onda da grelha seria inferior ao do substrato. Para que funcione em InP, é necessário cortar o material por baixo da grelha, suspendendo-a, como mostra a Figura [96].

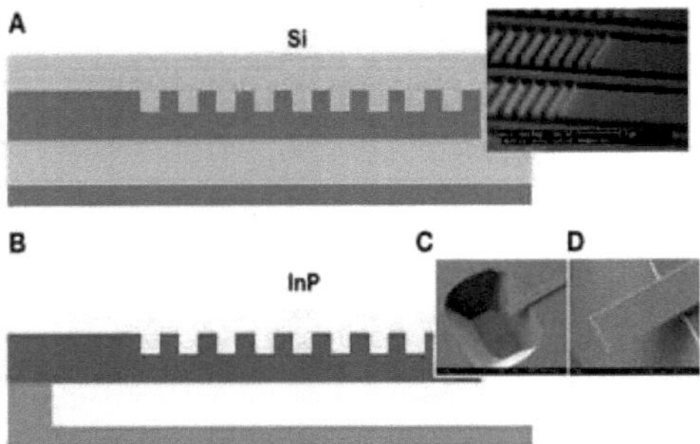

**Acopladores de grelha 1-D emissores de superfície em silício.**

Outro elemento-chave é um conversor de tamanho de ponto, que converte o modo ~ 0,5 × 1 μm2 de um guia de ondas de fio de Si para o modo ~ 10 × 10 μm2 de uma fibra ótica. Um método típico é usar um cone inverso, no qual o guia de ondas é reduzido a uma pequena ponta, fazendo com que o modo ótico se expanda muito [97]. O modo pode ser capturado por uma guia de ondas de vidro suspensa (Figura [98]). Perdas de acoplamento inferiores a 1,5 dB são facilmente alcançáveis com esses conversores de tamanho pontual.

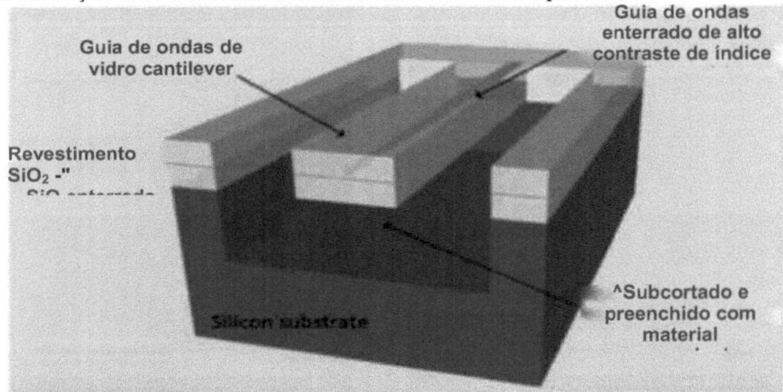


**Conversor de tamanho de ponto para guias de onda de fio de silício. O silício é cónico inverso dentro de um guia de ondas de vidro suspenso. O substrato de silício foi gravado sob o guia de ondas de vidro suspenso.**

Outro elemento passivo fundamental é um divisor de polarização. Alguns exemplos de divisores de polarização são apresentados na Figura. O primeiro é um interferómetro Mach-Zender com uma birrefringência diferente em cada braço [99]. O segundo é um simples acoplador direcional [100]. A birrefringência de forma é tão elevada nas típicas guias de onda de fio de silício, que a polarização transversal-magnética (TM) pode acoplar-se totalmente, enquanto a polarização transversal-eléctrica (TE) mal começa a acoplar-se. O terceiro é um acoplador de grelha em que a fibra é colocada num ângulo tal que a TE se acopla numa direção e a TM na outra [101]. O quarto é um acoplador de grade 2D [102]. O modo da fibra com o seu campo elétrico perpendicular à direção de propagação da guia de ondas acoplar-se-á a essa guia de ondas. A fibra pode ser inclinada e acoplar-se a duas guias de onda ou ser normal à superfície e acoplar-se a quatro guias de onda. O acoplador de grelha 2D tem a vantagem adicional de atuar como um rotador de polarização, na medida em que toda a luz no chip tem a mesma polarização, mas na fibra havia duas polarizações ortogonais.

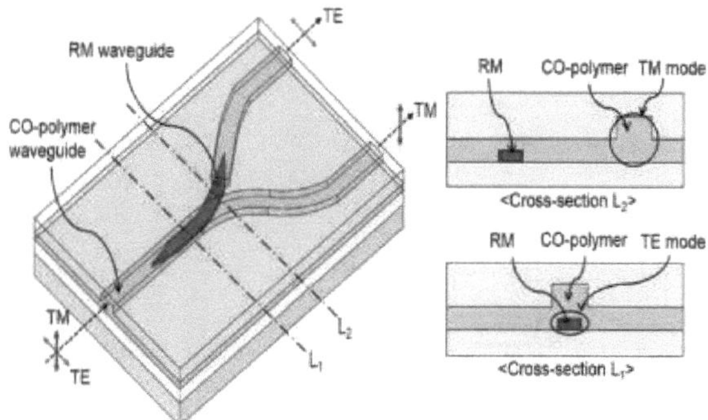


**Vários divisores de polarização.**

## 4.4. Elementos activos sifotónicos

Como já foi referido, um elemento ativo fotónico tem uma interação dinâmica intencional entre a luz e a matéria. Um elemento ativo fotónico típico é um modulador ótico. Atualmente, todos os moduladores ópticos de Si se baseiam no efeito de portador livre de plasma. O índice de refração complexo do silício muda com a alteração do número de electrões e buracos livres, quer por dopagem, quer por meios eléctricos, quer por meios ópticos, como se mostra nas equações (portadora livre real, portadora livre imagem), obtidas por adaptação aos dados de Soref e Bennett no comprimento de onda de 1550 nm [103]. Os buracos têm um rácio maior entre a variação do índice real e imaginário, ou seja, mais variação de fase para uma dada variação de perda, e por isso são geralmente preferidos para fazer os moduladores de fase em Mach-Zehnder e moduladores em anel.

Os vários tipos de moduladores de Si são apresentados na figura. No modulador de injeção de portadores, a luz encontra-se em silício intrínseco no interior de uma junção p-i-n muito larga, sendo injectados electrões e buracos. No entanto, um modulador deste tipo é lento, com uma largura de banda típica de 500 MHz, porque é necessário muito tempo para que os electrões e os buracos livres se recombinem após a injeção. Assim, tais estruturas são normalmente utilizadas como atenuadores ópticos variáveis (VOAs) em vez de moduladores [104, 105]. No modulador de depleção de portadores, a luz está parcialmente numa junção p-n estreita, e a largura de depleção da junção p-n é variada por um campo elétrico aplicado. Este modulador pode funcionar a mais de 50 Gb/s [106], mas tem uma perda de inserção de fundo elevada. Uma $V\pi L$ típica é de 2 V-cm. O modulador metal-óxido-semicondutor (MOS) (na realidade, semicondutor-óxido-semicondutor) contém uma fina camada de óxido na junção p-n [107]. Permite alguma acumulação de portadores, bem como a sua depleção, permitindo um $V\pi L$ mais pequeno de ~0,2 V-cm, mas com os inconvenientes de uma maior perda ótica e de uma maior capacitância por unidade de comprimento. Existem também moduladores de electroabsorção de SiGe [108], que se baseiam no movimento de extremidade de banda em SiGe. Existem também moduladores de grafeno que se baseiam na comutação do grafeno entre um metal absorvente e um isolador transparente [109].

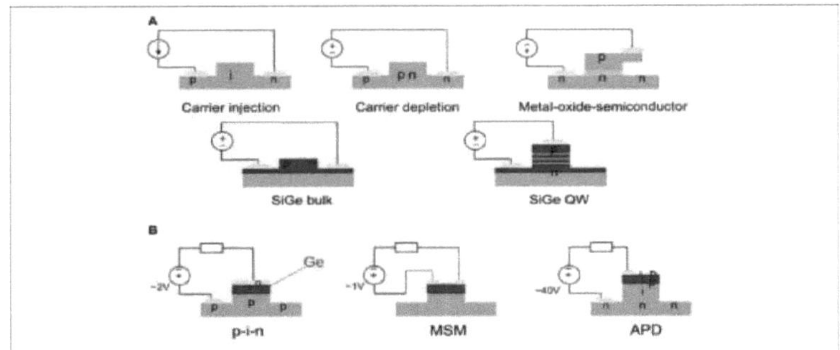


**Secções transversais de várias concepções de moduladores ópticos baseados em silício e de fotodetectores.**

A figura 10B mostra vários fotodetectores baseados em Si. O material de absorção é o Ge. O Ge absorve luz com comprimentos de onda até cerca de 1,6 µm. À esquerda é mostrada uma configuração p-i-n [110], a mais bem sucedida comercialmente atualmente. Consiste em silício dopado com p sobre o qual é cultivado Ge. O Ge e o Si têm um desfasamento de treliça de 4%, pelo que, para minimizar as deslocações, é primeiro cultivada uma fina camada de SiGe. A parte superior do Ge é dopada com n. No centro é apresentado um fotodíodo metal-semicondutor-metal (MSM) [111] e à direita fotodíodos de avalanche (APDs) [112]. A região de avalanche do APD é em Si, que tem um ruído mais baixo do que as regiões de avalanche em materiais III-V.

Ainda não existe uma solução claramente vencedora para integrar o ganho ótico na fotónica de silício. Algumas das várias opções são apresentadas na figura, organizadas por nível de montagem. Na extrema esquerda está a integração monolítica, incluindo a utilização de Ge crescido epitaxialmente como material de ganho ótico [113], guias de onda de vidro dopados com Er, como o Al2O3 (que requerem bombagem ótica) [114], e pontos quânticos de GaAs crescidos epitaxialmente [115]. A coluna seguinte é a montagem wafer-to-wafer, incluindo a ligação de óxidos [116] e a ligação orgânica [117] de regiões de ganho III-V. A coluna seguinte é a montagem matriz-parafolha, que inclui a inserção de matrizes III-V em cavidades na bolacha de Si e a modelação dos guias de onda [118]. A vantagem das três colunas da esquerda é que o dispositivo completo pode ser testado ao nível da bolacha, antes de ser cortado em cubos. A coluna da extrema direita é a montagem matriz a matriz, incluindo o acoplamento de uma matriz de Si e de uma matriz III-V e o acoplamento com uma lente e um acoplador de grelha [119]. A implantação comercial tende a deslocar-se da direita para a esquerda desta figura.

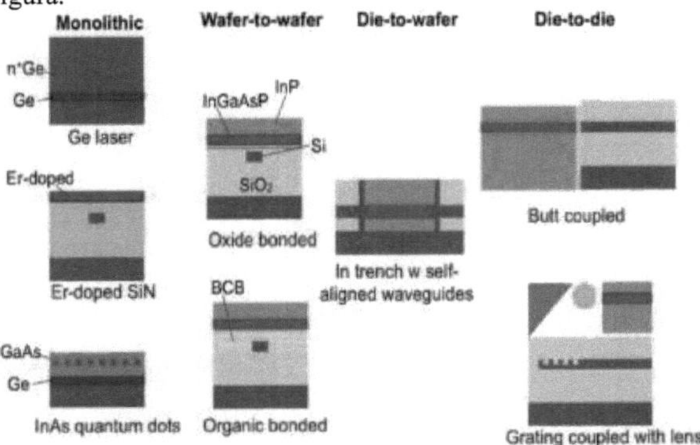


**Configuração da integração do ganho ótico na fotónica de silício.**

Um elemento que se situa a meio caminho entre um elemento ativo e passivo é um isolador ótico. Os isoladores ópticos são necessários para impedir que as reflexões de retorno causem ruído e oscilações em lasers e amplificadores ópticos. Um isolador requer um elemento não recíproco [120]. Na fotónica de silício, foram referidos dois tipos principais de isoladores: magneto-ópticos e baseados na modulação. Nos isoladores magneto-ópticos, as granadas são colocadas na parte lateral ou superior da guia de ondas [121, 122]. Num isolador baseado em modulação, o campo ótico é modulado com uma onda viajante ou com um atraso temporal entre vários moduladores [123].

A figura mostra um projeto de isolador baseado na modulação, assente num arranjo paralelo de moduladores de fase em série [134]. Cada modulador é acionado por uma onda sinusoidal. Na direção para a frente, o segundo modulador em cada braço desfaz a modulação do primeiro modulador; mas na direção para trás, os dois moduladores adicionam-se construtivamente. Assim, não há qualquer efeito no sinal na direção para a frente, mas na direção para trás este é fortemente modulado em fase. Se a amplitude da modulação de fase for a correcta, então um sinal de onda contínua que passa para trás é completamente atenuado na sua frequência original. Isto proporciona um isolamento de banda estreita. Ao dispor de vários isoladores de banda estreita em paralelo, accionados pela mesma frequência mas com fases de RF diferentes em cada braço, é possível obter um isolamento de banda larga. Foi demonstrada uma versão de dois braços em fotónica de silício, obtendo-se ~3 dB de isolamento. A modulação foi efectuada por injeção de portadora no guia de ondas de silício. O isolamento pode ser melhorado reduzindo a modulação de amplitude residual nos moduladores de fase, aumentando a velocidade dos moduladores e/ou aumentando o número de braços do interferómetro.

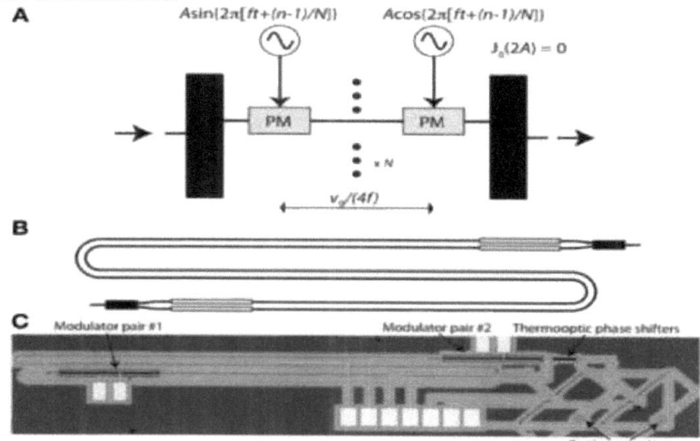



**Configuração de um isolador ótico que utiliza uma disposição em tandem de deslocadores de fase.**

## 4.5. Tudo sobre o PIC

### 4.5.1. Comparação do sistema de materiais PIC

A tabela mostra uma comparação entre o InP e o Si. O InP é um material muito mais caro do que o Si devido à raridade do In. Os circuitos de Si tendem a ter um rendimento mais elevado do que os circuitos de InP porque há muito menos epitaxia envolvida nos circuitos de Si. Nos circuitos de Si, normalmente a única epitaxia é o Ge, utilizado nos fotodetectores, ao passo que nos circuitos de InP todos os guias de ondas, mesmo os passivos, têm de ser produzidos por epitaxia. A epitaxia tende a ter uma maior densidade de defeitos do que o crescimento de cristais a partir de um boule. Os guias de ondas de InP têm um elevado contraste de índice apenas lateralmente, enquanto os guias de ondas de Si têm um elevado contraste de índice

lateral e verticalmente. Isto permite raios de curvatura muito mais pequenos e outras estruturas mais compactas em Si. O InGaAsP tem um "band-gap" direto, ao passo que o Si e o Ge não têm. Assim, o
O sistema de material InP tem um laser muito mais eficiente. O óxido nativo do sistema InP é muito menos robusto do que o óxido nativo do Si, que é o SiO2. O silício é um material mais resistente do que o InP, permitindo bolachas muito maiores, 75 mm em comparação com 300 mm (em breve 450 mm). Os moduladores de InP dependem normalmente do efeito Stark quântico-confinado, que é sensível à temperatura devido ao movimento do bordo da banda com a temperatura. Os moduladores de silício têm uma dependência mínima da temperatura.

**Prós e contras de INP e Si para circuitos integrados fotónicos.**

| InP | Si |
|---|---|
| Material caro | Material barato |
| • Em é escasso | • 27% da massa da crosta terrestre é Si |
| Rendimento médio | Alto rendimento |
| • Por exemplo, material proveniente de epitaxia | • Por exemplo, material da boule original |
| Pegada pequena | Extremamente pequena |
| • Alto contraste de índice em 1D | • Índice elevado ∞ntraste em 2D |
| Laser nativo | Sem laser nativo |
| Óxido nativo pobre | Excelente óxido nativo |
| Baixa corrente de escuridão | Corrente escura média |
| Bolachas pequenas (75 mm tip.) | Bolachas grandes (300 mm tip.) |
| • 75 mm típico | • 300 mm típico |
| • Material frágil | • Material resistente |
| Modulador sensível à temperatura | Modulatortemperatura insensível |
| • O bordo da banda move-se com a temperatura | • Densidade do transportador não v. temp. dep. |

A fotónica de silício é normalmente considerada apenas para produtos de baixo custo, de curto alcance e de grande volume (>1M/ano). Tal deve-se ao facto de se partir do princípio de que é necessário um grande número de arranques de bolachas para pagar os custos de máscara e de desenvolvimento e de que a fotónica de silício tem uma penalização significativa em termos de desempenho para os produtos de metropolitano e de longo curso. No entanto, a situação real é efetivamente a oposta. Com efeito, nas aplicações de baixo custo, de curto alcance e de grande volume, há uma enorme concorrência dos lasers de emissão de superfície de cavidade vertical (VCSEL) e dos lasers de modulação direta (DML), e o ponto fraco da fotónica de silício, que não tem uma forma fácil de integrar lasers, constitui uma desvantagem significativa. Por outro lado, nas aplicações metropolitanas e de longo curso, é preferível manter o laser separado, pois é preferível integrar a fotónica de silício e o DSP em conjunto, o que constitui um ambiente quente. Além disso, a deteção coerente pode compensar muitas das imperfeições da fotónica de silício, como o facto de a corrente escura ser muito menor do que a fotocorrente do oscilador local. Além disso, o argumento de que é necessário um grande número de arranques de bolachas para pagar os custos das máscaras e do desenvolvimento é falacioso, porque a fotónica de silício é feita num nó de dimensão muito grande em comparação com o CMOS de ponta, pelo que as máscaras e as execuções são relativamente baratas.

### 4.5.2. Conceção do PIC

Os PICs são normalmente definidos com recurso a guiões matemáticos. Isto deve-se ao facto de, normalmente, nos PICs, os comprimentos de percurso serem importantes, quando em interferómetros ou devido a distorções. O PIC é fabricado através da modelação de várias camadas, normalmente 10 a 30, numa bolacha. Estas camadas são constituídas por muitas formas poligonais, normalmente em formato GDSII. Antes de enviar os ficheiros para a loja de máscaras fotográficas, existe um forte desejo de poder simular o PIC para verificar o desenho. Existem vários níveis de simulação. O nível mais baixo é a simulação electromagnética (EM) 3D, em que a simulação é feita ao nível do subcomprimento de onda. A interação com os átomos dos materiais é feita à escala macroscópica. Os métodos típicos são os métodos 3D no domínio do tempo com diferenças finitas (3D FDTD) [125] e os métodos de expansão dos modos próprios (EME) [126]. Estes métodos são os mais exactos, mas os tempos de simulação para um PIC inteiro são proibitivos. O nível seguinte é a simulação EM 2,5D, como o método de propagação de feixe por diferença finita (FD-BPM). Estes métodos são significativamente mais rápidos, com uma desvantagem em termos de exatidão. Além disso, os BPMs só podem lidar com propagação paraxial, por exemplo, não podem ser usados para simular um ressonador. O próximo nível é a simulação EM 2D, como FDTD 2D e BPM 2D. Mais uma vez, estes são mais rápidos, mas limitados. Não podem simular, por exemplo, um rotador de polarização. O nível seguinte é a simulação da matriz de transmissão e/ou dispersão. Cada componente principal é reduzido a um elemento com entradas e saídas, e os guias de ondas de ligação são reduzidos a elementos de mudança de fase e atenuação. Estas simulações são extremamente rápidas. Uma matriz de transmissão é multiplicada pelos sinais de entrada para encontrar os sinais de saída. Uma matriz de dispersão (cujos elementos são chamados de parâmetros s) é multiplicada pelos sinais de entrada e saída de um lado do elemento para encontrar os sinais de entrada e saída do outro lado do elemento. Basicamente, as matrizes de dispersão incluem as reflexões dentro do elemento. As matrizes de dispersão são normalmente duas vezes maiores em cada dimensão do que as matrizes de transmissão.

No entanto, confiar na simulação EM de alguns elementos e nas matrizes de dispersão/transmissão para simular todo o PIC não garante que o projeto esteja isento de erros antes de ser gravado. Por exemplo, é pouco provável que seja detectado um comprimento de percurso mal calculado, uma guia de ondas multimodo sem rejeição de modo de ordem superior suficiente ou duas guias de ondas que passam demasiado perto uma da outra e têm um acoplamento indesejado.

Uma técnica denominada FDTD esparsa permite efetuar simulações FDTD 3D e 2D diretamente em todo o desenho do PIC para verificar o desenho [127]. Embora seja improvável que qualquer ferramenta de simulação EM possa simular um PIC muito grande, a FDTD esparsa pode simular porções bastante grandes. Na FDTD 3D convencional, começa-se com todos os seis componentes dos campos EM num volume quantizado especificado. O tempo é avançado um passo, e os novos componentes do campo são calculados no volume, e assim por diante. Tantos cálculos a cada passo levam um tempo muito longo. Na FDTD 3D esparsa, em vez de efetuar cálculos para cada ponto do volume em cada passo, é mantida uma lista de componentes de campo, teoricamente num volume arbitrariamente grande, e os cálculos são efectuados sobre estes. A cada passo de tempo, são adicionados pontos vizinhos dos componentes de campo, e os componentes de campo com potência inferior a um determinado nível são descartados. Para determinadas estruturas, este cálculo pode ser ordens de grandeza mais rápido do que a FDTD 3D convencional. No entanto, a FDTD esparsa tem um desempenho fraco com estruturas dispersivas, porque nesse caso o campo ótico espalha-se demasiado, tornando a lista demasiado longa. A Figura [128] apresenta exemplos de capturas de ecrã da simulação 3D FDTD de um PBS como o apresentado na Figura 9B.

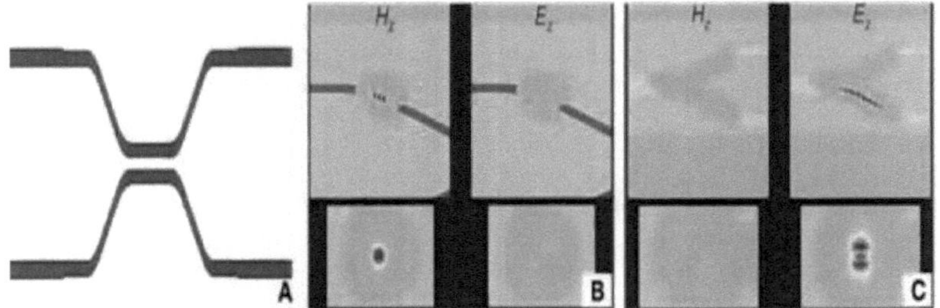

**Resultados da simulação de FDTD 3D-esparso. A vista superior da estrutura que está a ser simulada,**
**que é um acoplador direcional, uma captura de ecrã de uma simulação utilizando um lançamento quase-TE.**
**As duas figuras de cima mostram as vistas de topo dos sinais quasi-TE e quasi-TM, e as duas figuras de baixo mostram as vistas das secções transversais correspondentes e a captura**
**de ecrã**
**de uma simulação utilizando um lançamento quasi-TM.**

### 4.5.3. PICs de curto alcance

As comunicações de curto alcance significam normalmente menos de 2 km, mas podem por vezes incluir até 40 km. As comunicações de curto alcance destinam-se normalmente a centros de dados internos, a racks de ligação ou a ópticas do lado do cliente. Há uma necessidade emergente de comunicações de muito curto alcance em que as placas são ligadas opticamente dentro de um bastidor. Este tipo de ótica já não é considerado "transcetor" e, por uma questão de concentração, não é abordado neste artigo.

Devido ao rápido crescimento e rotação dos centros de dados, normalmente não há tempo suficiente para o desenvolvimento de normas. Este facto permite uma grande diversidade de soluções. Estas várias soluções não são interoperáveis, mas os utilizadores não se importam muito com isso, desde que os preços sejam baixos.

Atualmente, a maioria das ligações de curto alcance baseia-se em lasers de emissão de superfície de cavidade vertical (VCSEL) sobre fibra multimodo, ou seja, não envolvem PIC. Os VCSELs são muito baratos e fáceis de acoplar à fibra multimodo. É quase impossível para os PICs competir com os VCSELs em termos de preço. No entanto, o produto largura de banda-distância de um VCSEL numa fibra multimodo é de cerca de 2 GHz-km. A 25 Gb/s, isto limita as distâncias a ~100 m. Além disso, a fibra multimodo (MMF) custa mais do que a fibra monomodo padrão (SSMF), porque foram produzidos muitos mais km de SSMF do que de MMF. Assim, quando são construídos novos centros de dados, pode ser vantajoso equipá-los com SSMF. Atualmente, é difícil fabricar VCSELs monomodo, pelo que esta é uma boa oportunidade para os PICs. No entanto, a tecnologia VCSEL está constantemente a melhorar, constituindo um desafio constante para os PIC em aplicações de curto alcance.

Atualmente, uma solução comercial PIC de curto alcance bem sucedida baseia-se em fibras monomodo paralelas (PSM). A figura mostra uma solução PSM de 8 fibras (4 fibras de saída e 4 fibras de entrada) baseada em fotónica de silício da Luxtera [40]. O chip contém um laser de 1,4 μm num pequeno conjunto hermético no topo do PIC. Este comprimento de onda foi escolhido como ótimo para os acopladores de grelha que acoplam a luz laser ao PIC. Este laser é dividido em quatro vias para quatro moduladores Mach-Zehnder-interferómetro (MZMs) de 10 Gb/s on-off-keying (OOK) de condução distribuída. A eletrónica de acionamento CMOS está integrada monoliticamente com a fotónica. O acionamento distribuído significa que o modulador é dividido em N secções em série, cada uma com um controlador separado devidamente temporizado. Isto poupa o consumo de energia em relação a um modulador de onda progressiva, porque um modulador de onda progressiva tem uma resistência de terminação na qual a energia tem de ser descarregada.

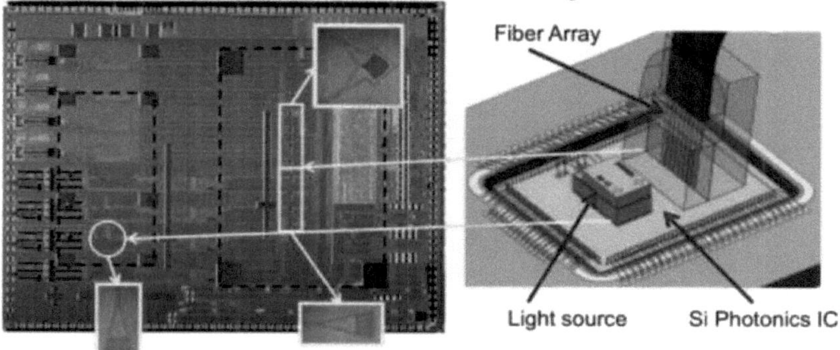


**Transcetor 8-PSM de fotónica de silício.**

Outra solução PIC de curto alcance bem sucedida baseia-se na multiplexagem por divisão do comprimento de onda (WDM). Normalmente, quatro comprimentos de onda, cada um modulado com OOK a 25 Gb/s, são multiplexados no transmissor e desmultiplexados no recetor. A vantagem em relação ao PSM é a necessidade de apenas duas fibras em vez de oito, e a desvantagem é a necessidade de quatro lasers em vez de um. O WDM faz mais sentido à medida que o custo dos transceptores diminui em comparação com o custo da fibra e da sua instalação, especialmente das fibras de fita. A figura mostra um recetor CWDM de 8 canais em fotónica de silício [130]. Utiliza um conversor de tamanho de ponto de nitreto de silício e uma grelha de guia de ondas (AWG), que é independente da polarização através da variação da largura das guias de ondas, guias de ondas multimodo de saída de silício e fotodetectores de Ge.

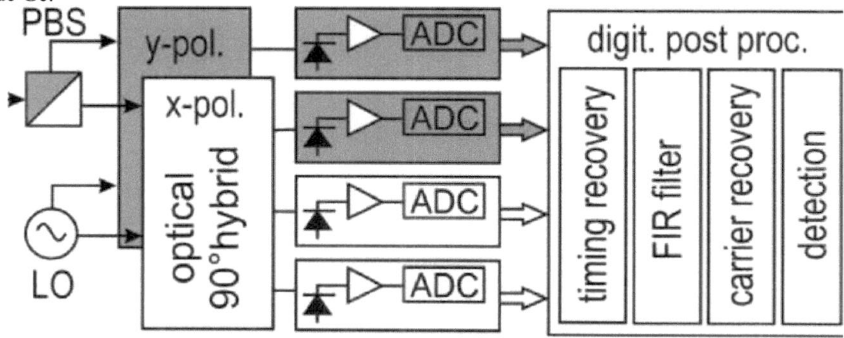


**Recetor 8-WDM fotónico em silício.**

Outra solução é utilizar a modulação multinível, denominada modulação de amplitude de impulsos (PAM). A figura 16 mostra diagramas oculares PAM4 e PAM8 a 28 Gb/s gerados por um MZM de fotónica de silício.

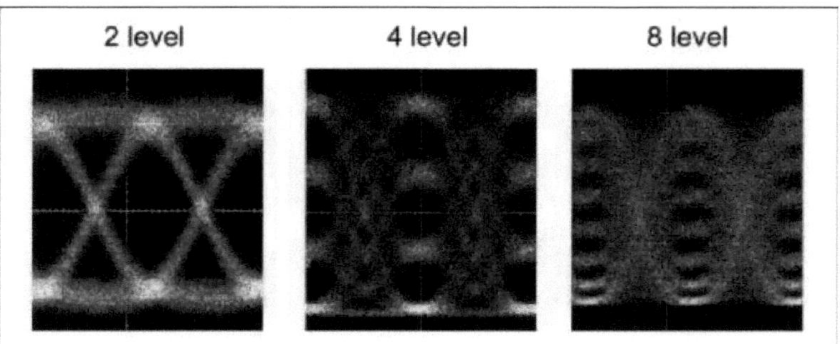


**Diagramas oculares ópticos PAM-2,-4,e -8 medidos a 28-GBAUD utilizando um modulador fotónico de silício.**

Também é possível usar a multiplexação por divisão de polarização (PDM), também chamada de transmissão de polarização dupla (DP). Neste caso, diferentes sinais estão em cada polarização. A Figura 17 mostra um modulador de 80 Gb/s de dupla polarização em InP [131]. Um projeto deste tipo pode ser facilmente realizado em fotónica de silício. Na fibra, os dois sinais permanecerão predominantemente polarizados ortogonalmente, mas a polarização variará de forma imprevisível com o tempo. No recetor, se não for utilizada a deteção coerente, é necessário de-multiplexar opticamente as duas polarizações. A Figura 18 mostra um dispositivo em fotónica de silício que pode de-multiplexar opticamente a polarização [132, 133]. Para isso, recebe duas polarizações ortogonais da fibra, polarizações essas que não são necessariamente as dos sinais, e depois interfere nas duas com uma fase e uma relação de acoplamento controláveis para as desmultiplexar. Para fazer isto de uma forma infinita, ou seja, sem nunca precisar de repor o variador de fase a zero, são necessárias várias fases de interferómetro.

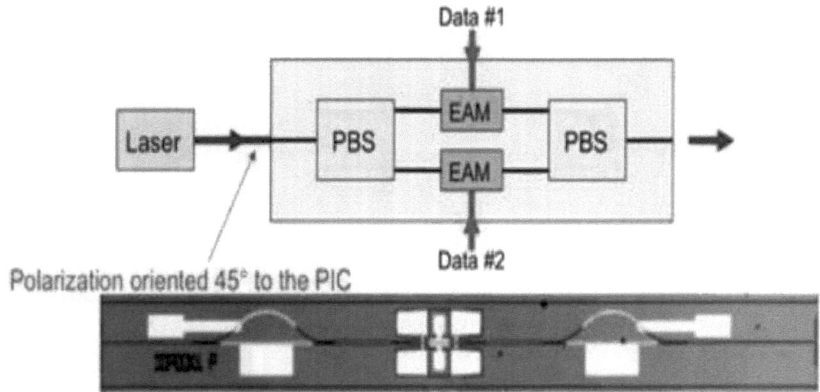


**Transmissor de dupla polarização de 80 GB /S em INP, composto por dois moduladores de electroabsorção**
**InGaAsP, um divisor de polarização e um combinador de polarização.**
**O laser de entrada tem a sua polarização orientada a 45°.**

A figura mostra o RECEPTOR DP-DQPSK EM FOTÓNICA DE SILICONE. Utiliza o seguimento ótico da polarização. A figura superior mostra um esquema e a figura inferior uma fotografia do dispositivo. O sinal de entrada é separado em duas polarizações por um acoplador de grelha 2D, uma série de acopladores e deslocadores de fase desmultiplexam os dois sinais, que foram misturados durante a transmissão por fibra, e dois interferómetros de atraso Mach-Zehnder desmodulam os sinais.

Num futuro distante, as interconexões dos centros de dados poderão estar tão lotadas que será necessário reduzir o número de fios de fibra e, em vez disso, colocar vários núcleos e/ou modos numa única fibra. A figura mostra um PIC para receção a partir de uma fibra de 7 núcleos, utilizando diversidade de polarização [134]. Inclui filtros ópticos para WDM. A figura mostra um PIC para receção a partir de uma fibra multimodo com núcleo em anel [135]. Uma fibra multimodo com núcleo em anel é vantajosa porque os modos podem ser acedidos sem cruzamento de guias de onda e convenientemente desmultiplexados por um acoplador em estrela.

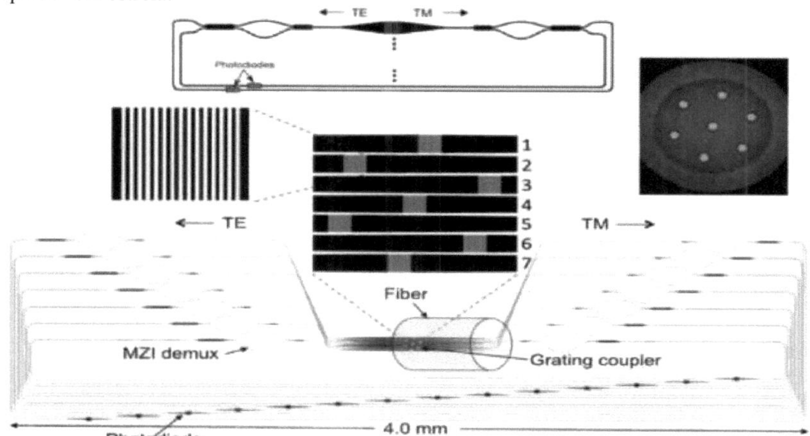


**7-   Recetor de fotónica de silício com núcleo de fibra. A figura superior direita apresenta uma fotografia**
**da secção transversal da fibra, mostrando os sete núcleos. A parte superior mostra o esquema de**
**cada canal no circuito fotónico de silício apresentado na figura inferior.**
**A fibra de entrada é inclinada no ângulo correto em relação aos acopladores de grelha 1D**
**, de modo a que a polarização TE se ligue à esquerda e a polarização TM à direita.**
**a polarização TM seja acoplada à direita.**

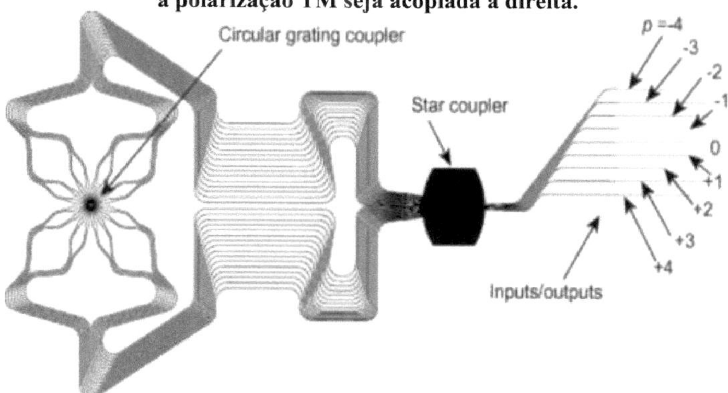


**PIC para acoplamento aos modos múltiplos de uma fibra com núcleo em anel, utilizando um**
**acoplador de grelha circular**

**ligado a um acoplador em estrela. A figura superior mostra um
esquema da fotografia do circuito fotónico de silício apresentada na
parte inferior. O circuito contém um
acoplador
de grelha circular
ligado a um conjunto de guias de onda
de igual comprimento.**

### 4.5.4. PICs metropolitanos e de longo alcance

Ao contrário das ligações de curto alcance, que vimos terem muitas opções de tipo de transmissão, as ligações metropolitanas e de longo alcance exigem transmissão coerente intra-dina. Isto deve-se ao facto de as rotas de fibra longa serem dispendiosas de instalar/obter e, por isso, o utilizador pretende transmitir o máximo de informação possível através de cada fibra. Os receptores coerentes permitem receber WDM, PDM e constelações de ordem elevada com elevado desempenho, dado que o campo ótico completo é recebido e tratado por um DSP. Nas comunicações coerentes intra-dyne, o sinal transmitido provém de um modulador vetorial de dupla polarização e o sinal recebido sofre a interferência de um sinal laser de onda contínua (CW) cuja frequência está próxima da portadora do sinal (entre ~2-3 GHz), mas não precisa de ser exacta.

O primeiro modulador vetorial relatado foi um PIC de GaAs, apresentado na Figura [136]. Consiste em dois MZMs num interferómetro maior. A Figura 22 mostra alguns dos primeiros moduladores vectoriais em fotónica de silício. O modulador da Figura 22A contém dois moduladores vectoriais, um para cada polarização, juntamente com a ótica de divisão de polarização [137]. O modulador de polarização única da Figura 22B utiliza uma camada fina de óxido na junção p-n para obter um produto VπL baixo e é acionado diretamente por inversores CMOS [138]. Ao utilizar múltiplos segmentos no modulador, é possível criar um conversor ótico digital-analógico (DAC). Os comprimentos dos segmentos estão numa sequência geométrica. A figura mostra uma demonstração que conseguiu uma modulação 16-QAM a 13 Gbaud utilizando um DAC ótico fotónico de silício [138].

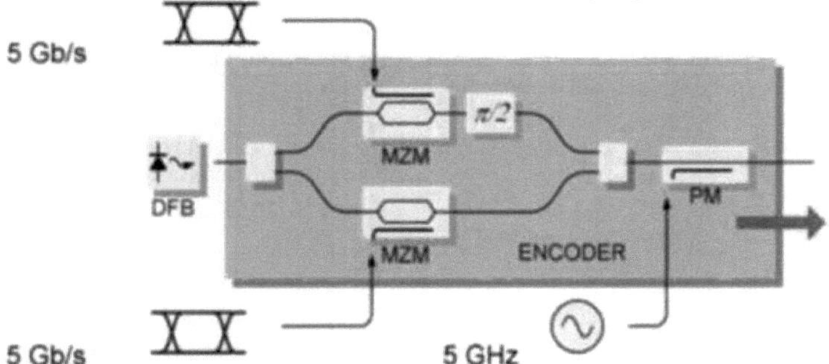


**Primeiro modulador vetorial de GaAs registado.**
**Os primeiros moduladores vectoriais fotónicos de silício relatados.**

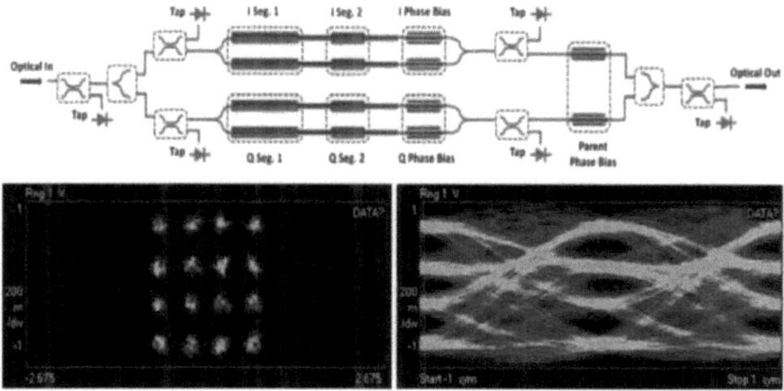

**DAC ótico de 2 bits em fotónica de silício.**

Os primeiros receptores coerentes relatados eram em InP, como se pode ver na Figura [140-144].

A figura mostra um primeiro recetor de dupla polarização e dupla quadratura em fotónica de silício [145]. Utiliza um acoplador de grelha 2-D como acoplador de fibra, divisor de polarização e rotador de polarização

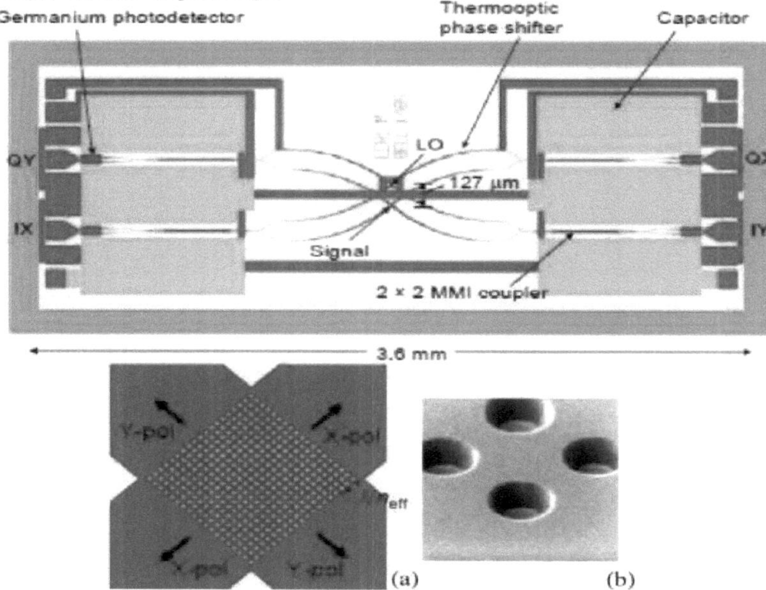

**Receptores coerentes integrados de silício (a) e (b) INP.**

A figura mostra um PIC fotónico de silício recente que contém o modulador vetorial completo e o recetor coerente completo numa única pastilha [146]. Esta solução tem um custo mais baixo e ocupa menos espaço do que as pastilhas separadas de transmissor e recetor. Há três fibras ligadas ao módulo: entrada do laser, que é dividida entre o emissor e o recetor; saída do emissor; e entrada do recetor. As fibras são ligadas numa matriz de 3 fibras, reduzindo o custo e o tempo de montagem. É embalado numa caixa hermética de ouro com quatro controladores e quatro amplificadores de trans-impedância. Não necessita de qualquer controlo de temperatura, permitindo que o consumo total de energia seja inferior a 5 W, -5 a 80°C. Um modulador fotónico de silício tem algumas imperfeições em comparação com os moduladores de efeito Pockels, como o GaAs e o LiNbO3. Tem modulação de amplitude residual, não linearidade do díodo, alteração da capacitância com a tensão e limitações de largura de banda. Uma simulação que inclui estes efeitos mostra que a penalização do desempenho da imperfeição é de apenas 0,1 dB em comparação com um modulador ideal.

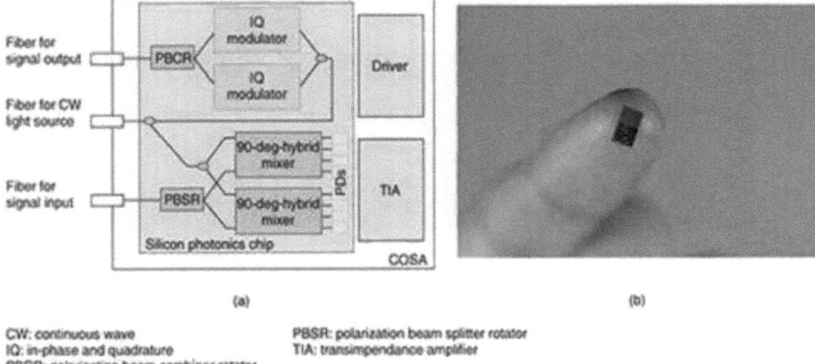


**Transcetor fotónico coerente de silício de chip único.**
A figura mostra este PIC num módulo CFP de 100 Gb/s. Como se pode ver, o módulo está bem compactado e seria muito difícil de fabricar com ópticas discretas.

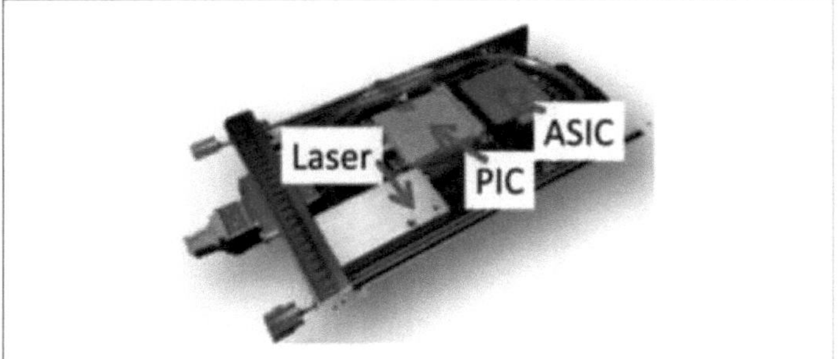


**Módulo CFP coerente de 100 GB/S utilizando fotónica de silício.**
Este transcetor coerente de chip único contém todas as ópticas necessárias para um transmissor coerente, exceto o laser sintonizável. Como mencionado anteriormente, é provavelmente melhor manter o laser separado de qualquer maneira, porque este chip pode ser co-embalado com o DSP, que funciona muito quente.

Capítulo (5)

# Laser Focus World

## 5.1.Prefácio

### 5.1.1. Poder da concentração laser

Quando se trata de atingir os nossos objectivos e maximizar a nossa produtividade, uma das competências mais valiosas que podemos desenvolver é a concentração laser. A concentração laser refere-se à capacidade de nos concentrarmos intensamente numa tarefa ou objetivo específico, bloqueando as distracções e mantendo uma atenção inabalável. Tal como um raio laser que atravessa objectos com precisão, a concentração laser permite-nos ultrapassar o ruído e alcançar resultados notáveis [146].

### 5.1.2. As vantagens da concentração laser

Aproveitar o poder da concentração laser pode trazer inúmeros benefícios para a nossa vida pessoal e profissional. Ao dirigirmos a nossa atenção para uma única tarefa, podemos concluí-la de forma mais eficiente e eficaz. Este aumento da produtividade não só nos permite realizar mais em menos tempo, como também melhora a qualidade do nosso trabalho. Além disso, a concentração a laser permite-nos eliminar a multitarefa, um assassino comum da produtividade, e, em vez disso, dar prioridade às nossas tarefas com base na importância e na urgência [147].

### 5.1.3. Técnicas para desenvolver a concentração laser

Desenvolver a concentração laser é uma competência que requer prática e disciplina. Aqui estão algumas técnicas que o podem ajudar a aproveitar o poder da concentração laser:

1- Bloqueio de tempo: Separe blocos de tempo específicos dedicados exclusivamente a uma determinada tarefa ou projeto. Ao eliminar as distracções e comprometer-se a trabalhar de forma concentrada durante estes blocos, pode fazer progressos significativos e obter melhores resultados.

2- Técnica Pomodoro: Este método popular de gestão do tempo envolve trabalhar em intervalos de 25 minutos, conhecidos como "pomodoros", seguidos de uma pequena pausa. Ao dividir o seu trabalho em partes geríveis, pode manter níveis elevados de concentração e evitar o esgotamento.

3- Meditação da atenção plena: A prática regular da meditação da atenção plena pode melhorar a sua capacidade de se manter presente e concentrado. Ao treinar a sua mente para deixar de lado as distracções e trazer a sua atenção de volta ao momento presente, pode melhorar a sua concentração e foco geral.

### 5.1.4. Exemplos da vida real

Muitas pessoas bem sucedidas atribuíram os seus êxitos à sua capacidade de se concentrarem a laser. Por exemplo, elon musk, o empresário visionário por detrás da Tesla e da Space X, é conhecido pela sua concentração intensa nos seus objectivos, trabalhando frequentemente durante longas horas sem distracções. Do mesmo modo, os atletas olímpicos passam anos a treinar as suas mentes para manterem a concentração a laser durante as competições, o que lhes permite atingir o máximo desempenho.

### 5.1.5. Estudos de caso

Num estudo realizado pela Universidade da Califórnia, os investigadores descobriram que os estudantes que conseguiam manter a concentração laser durante as sessões de estudo obtinham notas mais elevadas do que os que se distraíam facilmente. Além disso, um estudo de caso efectuado por uma empresa multinacional revelou que os empregados que praticavam consistentemente a concentração laser no seu trabalho concluíam as tarefas de forma mais eficiente e produziam resultados de maior qualidade [148].

Desenvolver a concentração a laser é uma ferramenta poderosa que pode aumentar significativamente a nossa produtividade e ajudar-nos a atingir os nossos objectivos. Ao implementar técnicas como o bloqueio de tempo, a técnica Pomodoro e a meditação consciente, podemos treinar a nossa mente para nos mantermos concentrados e evitarmos distracções. Exemplos da vida real e estudos de caso demonstram ainda mais o impacto da concentração laser no sucesso individual e no desempenho geral. Por isso, vamos adotar a concentração laser e libertar o nosso verdadeiro potencial em todos os aspectos da vida.

## 5.2. Ótica

A fotónica de silício com ganho integrado pode abrir a porta a uma escala nunca antes alcançada, dando origem a novas aplicações outrora prometidas à eletrónica.

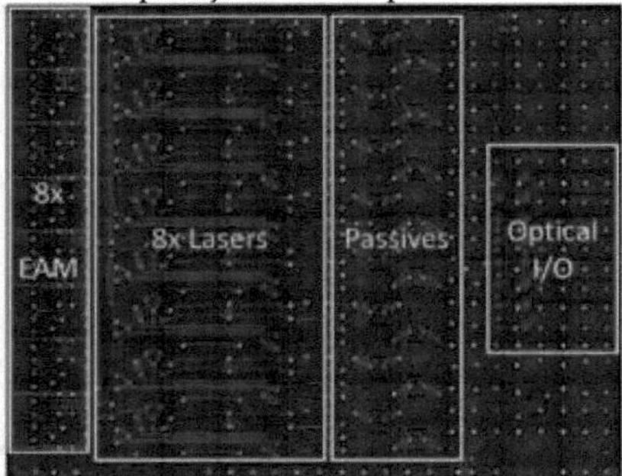


**Conceção do circuito integrado fotónico 800G DR8 da Open-Light.**

Durante as últimas décadas, o silício tem sido inegavelmente a joia da coroa da transformação da indústria de semicondutores. Mas com a estabilização da Lei de Moore, a crescente complexidade dos circuitos e o crescimento explosivo das aplicações com grande volume de dados, as empresas precisam de formas ainda mais inovadoras de computar, armazenar e mover dados mais rapidamente. Como resultado, a escala, a velocidade e a potência tornaram-se forças subjacentes para lidar com as necessidades de inteligência avançada e de computação.

A fotónica de silício já conquistou um lugar de destaque pelo seu impressionante desempenho, eficiência energética e fiabilidade em comparação com os circuitos integrados electrónicos convencionais. Os requisitos globais de velocidade tornaram-se suficientemente rápidos, beneficiando os pontos fortes da tecnologia para transferir dados de forma eficiente através de distâncias cada vez mais curtas. Entretanto, a inteligência artificial (IA) está a levar a computação a um ponto em que os componentes electrónicos precisam de comunicar através de distâncias para combinar e integrar múltiplas XPU (unidades de processamento específicas da aplicação).

A investigação e a comercialização da fotónica de silício registaram um aumento paralelo, com mercados como o das comunicações de dados, telecomunicações, computação ótica e aplicações de deteção de elevado desempenho, como o LiDAR, a verem também as suas vantagens ganharem vida. De acordo com a investigação da Light Counting, o mercado de produtos baseados na fotónica de silício deverá aumentar de 14% em 2018-2019 para 45% em 2025, indicando um ponto de inflexão para a adoção da tecnologia.1

Este facto não é surpreendente, uma vez que há mais empresas a colaborar e a investir na fotónica de silício para resolver os actuais estrangulamentos eléctricos de E/S e de largura de banda, bem como os desafios enfrentados pelos componentes discretos existentes para proporcionar um crescimento e um desempenho exponenciais. Esta mudança e aspiração do mercado não aconteceram de um dia para o outro.

Entre as décadas de 1920 e 1950, todos os componentes electrónicos eram elementos separados - principalmente tubos de vácuo que controlavam o fluxo de corrente eléctrica entre eléctrodos aos quais era aplicada uma tensão eléctrica. Pouco tempo depois, foi inventado o primeiro transístor, que marcou o início do extraordinário progresso da indústria eletrónica. A indústria expandiu-se ainda mais com o aparecimento dos circuitos integrados - um chip com milhões ou milhares de milhões de transístores incorporados. O desenvolvimento do microprocessador seguiu-se rapidamente, beneficiando tudo, desde calculadoras de bolso a electrodomésticos.

Os microprocessadores clássicos avançaram em termos de velocidade ao longo da década de 1990, mas desde 2003 que os principais processadores atingiram a barreira dos 3 GHz. Apesar do aumento do número de transístores, não só os processadores estavam a sobreaquecer, como também os transístores ainda mais pequenos deixaram de ser mais eficientes. Isto significava que a transferência de dados de um chip de computação para uma memória ou outro chip de computação através de fios de cobre deixava de ser sustentável, independentemente da distância, e aumentava os vários graus de dificuldade. A luz ao fundo do túnel tornou-se a fotónica de silício.

A indústria começou a ver a promessa de aproveitar o poder da luz e de combinar lasers semicondutores e circuitos integrados. A rica história e a evolução da eletrónica inspiraram investigadores e engenheiros a encontrar novas formas de integrar funções num chip e a utilizar feixes de luz com comprimentos de onda bem definidos para serem mais rápidos do que as interligações eléctricas.

Atualmente, está a acontecer uma trajetória física semelhante com as interligações eléctricas para chips a 100 Gbit/s por pista (quatro níveis a 50 Gbit/s), em que é necessário adicionar muita potência de equalização para empurrar o sinal através de fios de cobre. De facto, a 200 Gbit/s por pista (quatro níveis a 100 Gbit/s), este problema agrava-se.

As interconexões fotónicas, por outro lado, não sofrem do mesmo problema porque as fibras podem facilmente transmitir vários terabytes de dados. Em suma, a utilização da fotónica para transferir informações apresenta melhorias substanciais em termos de velocidade e eficiência energética em comparação com as abordagens electrónicas.

## 5.3. A corrida pela potência e velocidade

Cada aumento de velocidade tem o custo de um maior consumo de energia. À medida que a complexidade dos circuitos e dos seus designs aumenta - seja em altas contagens de pistas, deteção densa ou interligações de terabit - as equipas terão inevitavelmente de se afastar das abordagens discretas. Já estamos a assistir a esta transição na indústria, com as empresas a passarem de elementos discretos para a fotónica de silício e, eventualmente, para plataformas que têm lasers integrados monoliticamente no chip para maior ganho ótico.

No mundo das interligações, continua a dar-se muita importância à taxa de dados por pino. Atualmente, uma interligação de 100 Gbit/s é feita em quatro níveis com 50 Gbit/s para obter o dobro da quantidade de dados a passar por uma ligação de dados de 50 Gbit/s. Mas uma interligação de 200 Gbit/s acaba por consumir mais energia para fazer passar esse sinal através de uma interligação eléctrica. Eventualmente, a quantidade de energia consumida acaba por se tornar um problema, especialmente quando percorre distâncias maiores. Consequentemente, as equipas não conseguem colocar mais dados através destas interligações eléctricas.

Este não é o caso das fibras ópticas. Pense numa fibra ótica como uma autoestrada aberta com mil faixas. A caixa de computação pode ser concebida para ser tão grande como um centro de dados, sem sacrificar as larguras de banda mais pequenas para interligação. Mas quando se utilizam componentes discretos, o tamanho dos processadores é limitado pela sua interconexão.

Atualmente, algumas empresas pegam numa bolacha de 12 polegadas e fazem dela um chip único e maciço, com as interligações concebidas para manter todos os núcleos a funcionar a altas velocidades, para que os transístores possam trabalhar em conjunto como um só. No entanto, à medida que as arquitecturas de computação modernas se aproximam dos seus limites teóricos de desempenho, essas mesmas exigências de largura de banda aumentam em complexidade e dimensão, tornando a integração do laser mais dispendiosa. Com a fotónica de silício normal, seria necessário ligar um laser separadamente, o que não é adequado para múltiplos canais.

## 5.4. Lasers integrados: Uma combinação perfeita para projectos de última geração

A integração de lasers é há muito um desafio na fotónica de silício. As principais áreas de preocupação prendem-se com os próprios fundamentos da física envolvidos ao nível da conceção e com o custo crescente associado ao fabrico, montagem, adição e alinhamento de lasers discretos para o chip. Isto torna-se um teste maior quando se trata de um aumento do número de canais laser e da largura de banda global.

Até à data, a fotónica de silício tem visto vários componentes fotónicos incorporados num chip, mas um elemento-chave que faltava até agora era o ganho integrado. O ganho no chip afasta-se da fotónica de silício normal para atingir um novo nível de integração e melhorar as capacidades globais de computação e processamento. Isto ajuda a proporcionar transferências de dados de alta velocidade entre e dentro dos chips a ordens de grandeza muito superiores às que podem ser obtidas com dispositivos discretos. A capacidade avançada da tecnologia para obter desempenhos mais elevados com menor potência ou reduzir os custos de conceção e os processos de fabrico contribuiu para impulsionar a sua adoção.

Veja-se o caso das aplicações de deteção ultra-sensíveis, como o LiDAR. No caso do LiDAR coerente, a luz do transmissor tem de ser misturada com a do recetor para obter informação, razão pela qual obtém melhor informação sobre o alcance com menor potência. Com um laser integrado num único chip, este processo torna-se mais fácil porque é possível separar a luz e colocá-la numa parte diferente do circuito. Se o fizéssemos com componentes discretos, seria necessária uma quantidade substancial de embalagem. Embora a extensão dos seus benefícios dependa da complexidade do circuito, esta é uma das principais razões pelas quais abordagens como o LiDAR coerente de onda contínua modulada em frequência (FMCW) beneficiam efetivamente de uma abordagem integrada.

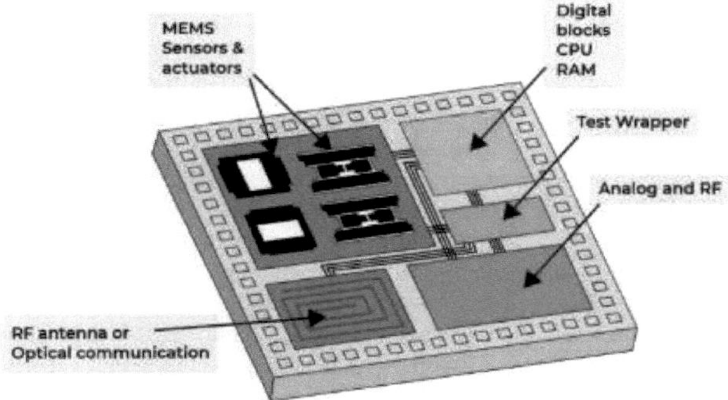


**Ótica co-embalada e interfaces de sistema em chip (SoC). (Cortesia da Open Light)**

## 5.5. Fotónica de silício e interligações eléctricas.

O processamento de materiais como o fosforeto de índio para um laser semicondutor diretamente no processo de fabrico de bolachas de fotónica de silício reduz o custo e melhora a eficiência energética e o ganho na pastilha, além de simplificar a embalagem. Com lasers integrados monoliticamente, os rendimentos permanecem elevados, ao passo que o escalonamento de um projeto com componentes discretos resulta em rendimentos inaceitáveis. Nesta altura, mesmo dezenas de componentes num circuito são revolucionários.

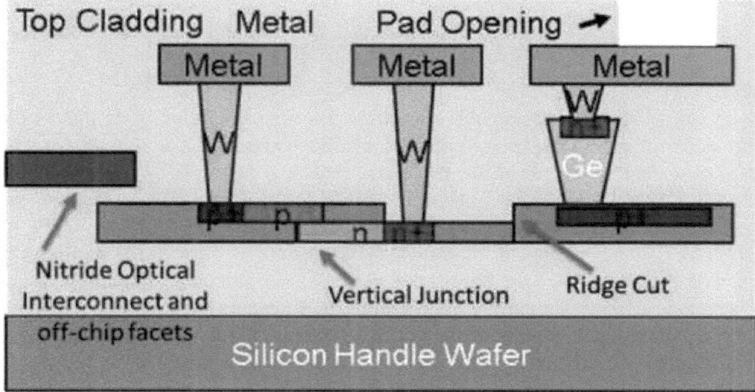



No entanto, tal como acontece com a adoção de qualquer nova tecnologia, o ecossistema está a passar por uma curva de aprendizagem. A maioria das unidades de fabrico ainda se está a habituar a ligar materiais como o fosforeto de índio e o arsenieto de gálio (utilizado para fabricar lasers) ao silício. Devido às suas diferentes propriedades físicas e térmicas, algumas barreiras à entrada são relativas a abordagens discretas que têm de ser ultrapassadas. Em suma, as fábricas que passaram décadas a utilizar wafers de 8 ou 10 polegadas e diferentes purezas de materiais precisam agora de aprender a utilizar materiais mais recentes e um espaço de conceção diferente que torna o processo único.

## 5.6. Fotónica de silício com ganho integrado

Com o ritmo a que a tecnologia de fotónica de silício está a aumentar, as empresas e as fundições vão inevitavelmente alargar a colaboração e os investimentos em I&D para permitir um ecossistema fotónico sólido para componentes e soluções integradas. À medida que os transceptores forem aumentando para oito ou 16 vias, a fotónica de silício será a única tecnologia capaz de proporcionar o desempenho necessário com menor potência e a um custo razoável.

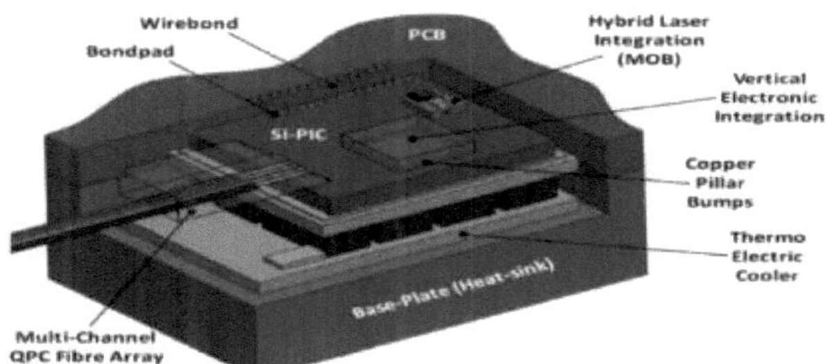



Schematic of a packaged silicon PIC with hybridly-integrated InP laser, based on a micro-optic bench. Image courtesy of Tyndall.

Alguns poderão argumentar que, como a complexidade de cada aplicação varia e o circuito subjacente está no centro, poderá haver ainda algumas incógnitas em termos do seu potencial em áreas como a autonomia total ou os sistemas avançados de assistência ao condutor (ADAS), mas os seus benefícios não serão de modo algum invisíveis. A dada altura, a fotónica de silício amadurecerá o suficiente para que determinados parâmetros-chave, incluindo a largura de banda, o custo e a energia por bit, sejam suficientes para substituir a eletrónica. No futuro, o principal valor da mudança para a ótica será o seu alcance.

# Capítulo 6

# Explorar os filtros ópticos

## 6.1. Prefácio

Os lasers, as fibras ópticas, as câmaras e os ecrãs dos nossos telefones, as pinças ópticas e a iluminação dos nossos automóveis, casas, ecrãs de computador e televisores são apenas alguns exemplos da fotónica. Dado o panorama atual e o potencial que a fotónica tem para melhorar a inovação em várias indústrias, foi reconhecida como uma das tecnologias facilitadoras essenciais (TFE) da Europa do século XXI.

A plataforma tecnológica europeia Photonics 21 representa as prioridades da investigação em fotónica a nível europeu. O seu objetivo é desenvolver uma abordagem comum entre a indústria, a ciência e a política europeias. A Comissão Europeia assinou uma parceria público-privada com a Photonics21, para apoiar e desenvolver esta parte fundamental da ciência e das empresas europeias.

## 6.2. Fotónica e vida quotidiana

A fotónica desempenha um papel importante na promoção da inovação num número crescente de domínios. A aplicação da fotónica estende-se a vários sectores, desde as comunicações ópticas de dados à imagiologia, à iluminação e aos ecrãs, ao sector transformador, às ciências da vida, aos cuidados de saúde e à segurança.

A fotónica oferece soluções novas e únicas quando as tecnologias convencionais actuais estão a aproximar-se dos seus limites em termos de velocidade, capacidade e precisão. O impacto da fotónica na nossa vida quotidiana é notável.

## 6.3. Saúde

A fotónica tem o potencial de revolucionar os cuidados de saúde devido à capacidade da luz para detetar e medir doenças de uma forma rápida, sensível e precisa.

A biofotónica é a utilização de tecnologias baseadas na luz nas ciências biológicas e médicas. Pode ser utilizada eficazmente para a deteção muito precoce de doenças, com técnicas de imagiologia não invasivas ou aplicações no local de prestação de cuidados.

A biofotónica é também fundamental para a análise de processos a nível molecular, permitindo uma melhor compreensão da origem das doenças, possibilitando assim a prevenção e novos tratamentos. As tecnologias fotónicas desempenham também um papel importante na resposta às necessidades da nossa sociedade envelhecida, desde os pacemakers aos ossos sintéticos, passando pelos endoscópios e pelas microcâmaras utilizadas em processos in vivo.

## 6.4. Iluminação e poupança de energia

A fotónica é também utilizada em tecnologias avançadas de iluminação, como a iluminação de estado sólido (SSL) para aplicações de iluminação geral. A SSL baseia-se nas tecnologias dos díodos emissores de luz (LED) e dos díodos orgânicos emissores de luz (OLED). A SSL proporciona uma iluminação de maior qualidade e contribui para uma poupança substancial de energia. As actividades intensivas de fabrico e investigação visam melhorar ainda mais o desempenho da SSL, em especial a eficiência energética e a qualidade, e, por conseguinte, reduzir os custos.

No âmbito do Pacto Ecológico Europeu, a UE comprometeu-se a atingir zero emissões líquidas de gases com efeito de estufa até 2050. A iluminação representa cerca de 19% do consumo de eletricidade em todo o mundo, pelo que uma iluminação mais eficiente proporcionará enormes poupanças de energia.

Por exemplo, a substituição das lâmpadas incandescentes por tecnologias SSL poderia poupar até 70 % da energia atualmente utilizada na iluminação. Além disso, a SSL possui propriedades únicas excepcionais, incluindo robustez, maior duração, regulação da intensidade luminosa e afinabilidade da cor. Estas propriedades oferecem oportunidades sem precedentes para moldar e ajustar o ambiente de iluminação de acordo com as necessidades

individuais.
## 6.5. Internet de banda larga
A necessidade de redes de banda larga mais rápidas, mais transparentes, mais dinâmicas e mais ecológicas é o motor da política de investigação da UE no domínio das comunicações ópticas de dados. A investigação neste domínio aborda o aumento dramático do consumo de energia na Web, nos centros de dados e nos servidores. O objetivo é permitir o crescimento do tráfego, as mudanças rápidas na rede e a variação da procura de tráfego, tornando as comunicações de dados mais rápidas, mais baratas e mais eficientes do ponto de vista energético.
## 6.6. Segurança e proteção
A fotónica é um elemento essencial para aumentar a segurança das pessoas, dos bens e do ambiente. Oferece a possibilidade de construir sensores sem contacto e aplicações visuais que funcionem em várias gamas do espetro luminoso, dos raios X aos terahertz. Esses sensores seriam suficientemente sensíveis e precisos para detetar de forma fiável potenciais riscos ou situações perigosas.

As tecnologias fotónicas têm várias aplicações práticas em matéria de segurança e proteção. Os sensores de fibra são utilizados para detetar defeitos estruturais no sector da construção, prevenir a poluição ambiental e desenvolver sistemas de assistência ao condutor.

As aplicações de segurança também recorrem às tecnologias fotónicas, por exemplo, nos sistemas biométricos e de segurança das fronteiras, nos sistemas de videovigilância e no equipamento de deteção de mercadorias perigosas ou ilegais.
## 6.7. Fabrico de alta qualidade
Os lasers tornaram-se uma ferramenta versátil. O processamento por laser tornou-se essencial para o fabrico de grande volume, baixo custo e precisão. As novas tecnologias baseadas no laser estimulam novos processos de fabrico com uma qualidade extraordinária. Isto permite a personalização em massa e uma produção altamente flexível a pedido, um fabrico rápido, limpo e eficiente em termos de recursos e uma produção sem falhas.

A Europa é líder em tecnologias laser industriais. Desenvolve, fornece e aplica lasers e sistemas laser. As tecnologias laser industriais são utilizadas na indústria automóvel, para o tratamento de plásticos, para o fabrico de células fotovoltaicas, semicondutores e componentes miniaturizados utilizados na tecnologia médica, entre outros.

Para saber mais sobre a fotónica, pode visitar a Photonics21, a plataforma tecnológica europeia, ou contactar-nos para mais informações.

# Capítulo 7

# Fotónica de silício para comunicações de alta velocidade

## 7.1.Prefácio

A fotónica de silício é amplamente considerada uma tecnologia essencial para o desenvolvimento de soluções de interligação ótica necessárias para fazer face ao crescente tráfego na Internet. Desde o primeiro cabo ótico submarino, passando pela instalação de fibra até casa, até à proliferação de centros de dados, a luz tem servido como o melhor meio para comunicações ópticas de alta velocidade há mais de 20 anos. Em comparação com a cablagem de cobre, a interconexão ótica pode funcionar em distâncias longas e curtas com baixa latência, baixo consumo de energia e alta velocidade, conduzindo a caminhos de rede de ponta a ponta. Por esta razão, as ligações ópticas estão a ser implementadas em módulos a muitos níveis da rede Internet, incluindo servidor, comutador, armazenamento ligado à rede, clientes e outros.

Neste contexto, a fotónica de silício é uma tecnologia relevante para levar as soluções ópticas a grandes volumes e a baixos custos. Com efeito, foram desenvolvidas várias plataformas como tecnologias de circuitos integrados fotónicos (PIC) - vidro, plástico, sílica sobre silício, fosforeto de índio, niobato de lítio e silício sobre isolador (SOI). Estas plataformas apresentam um nível de capacidade de integração bastante desigual, dependendo do confinamento do modo ótico e da possibilidade de implementar funções passivas e/ou activas. Nesta procura de maior integração, a fotónica de silício numa plataforma SOI oferece um vasto leque de vantagens.

## 7.2.Integração optoelectrónica

Graças ao elevado contraste de índice entre o silício e o óxido, podem ser concebidos circuitos de pequena dimensão com um diâmetro de campo de modo submicrónico e um raio de curvatura de guia de ondas de poucos microns. Além disso, o material de silício é passível de integração optoelectrónica, dado que é simultaneamente semicondutor e transparente no domínio do comprimento de onda das telecomunicações. A fotónica de silício é também altamente escalável para aumentar o débito de bits por canal no mesmo chip através da implementação da multiplexagem de comprimentos de onda e de formatos de modulação avançados. Além disso, a utilização de linhas de fabrico CMOS microelectrónicas para os PIC de silício permite uma produção em massa a baixo custo. Por exemplo, o fabrico em bolachas SOI de 200 mm ou 300 mm de diâmetro permite a medição do desempenho em grandes quantidades com testadores automatizados ao nível da bolacha (Figura).

Para resolver os limites das interligações eléctricas nos centros de dados e nos supercomputadores, a fotónica de silício tem atraído cada vez mais investimentos para responder aos requisitos dos transceptores ópticos da próxima geração em módulos de pequeno formato para interligações ópticas que vão desde as transmissões metropolitanas às interligações curtas dos centros de dados e à computação de alto desempenho. Os módulos de transceptores baseados em PIC de silício apresentam muitas vantagens em relação às tecnologias antigas (módulos VCSEL ou baseados em InP). Entre elas, a fotónica de silício permite a integração de um grande número de funções ópticas passivas e activas, tais como moduladores, dispositivos de gestão do comprimento de onda e da polarização, fotodetectores e mesmo fontes laser híbridas, numa única pastilha.

**Ensaio automatizado a nível da bolacha de um PIC.**

## 7.3. Redes de Metro, Interligações entre centros de dados e intra-centros de dados

Os componentes da fotónica de silício podem ser integrados em circuitos fotónicos complexos para transmitir e detetar formatos de modulação complexos, incluindo a multiplexagem por diversidade de polarização com chaveamento por mudança de fase em quadratura (PDM-QPSK) para transmissão coerente. Estes formatos de modulação avançados, que utilizam tanto a amplitude como a fase da luz para codificar o sinal binário, estão a ser desenvolvidos para redes de metropolitano e comunicações entre centros de dados. Isto permite débitos de dados de 100 a 200 Gb/s por canal de comprimento de onda com componentes de hardware que funcionam a 25 a 50 GBd. Estes transceptores coerentes de fotónica de silício já são comercializados por empresas como a Acacia Communications.

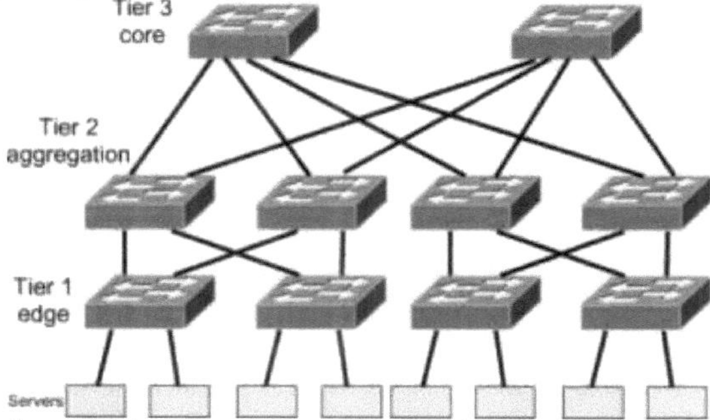


Outra vantagem dos módulos transceptores de fotónica de silício é a perspetiva de gerir ligações abaixo dos 10 km para ligar servidores e comutadores em centros de dados, utilizando a multiplexagem de comprimentos de onda para alargar a largura de banda agregada e o alcance das ligações ópticas actuais, que se baseiam em transmissores baseados em VCSEL fisicamente limitados a algumas centenas de metros. Consequentemente, surgiram recentemente vários produtos comerciais para aplicações em centros de dados, com um débito de dados de 100 Gb/s por módulo (Luxtera, Mellanox, Intel...). Devido ao potencial de escalabilidade da fotónica de silício, prevêem-se, num futuro próximo, módulos de 400 Gb/s e de classe terabit, seguindo o roteiro das interligações intra-datacenters, com densidades de largura de banda tão baixas como 40 Gb/s/cm2 e um consumo de energia reduzido.

Para atingir estes objectivos, estão a ser enfrentados vários desafios fundamentais a diferentes níveis, nomeadamente a nível de componentes, circuitos e módulos. Atualmente, a tecnologia fotónica de silício está disponível com um elevado grau de maturidade nas fundições de I&D. Estão disponíveis vários kits de conceção em diversas ferramentas CAD para conceber PIC complexos. Estes kits de conceção são propostos através de wafers multiprojectos, que integram nos mesmos wafers os projectos de várias equipas (empresas de I&D e institutos de investigação), a fim de partilhar o custo de fabrico para produzir projectos em pequenas quantidades para prototipagem.

## 7.4. Integração de módulos com ASICs e PICs

A integração de circuitos fotónicos de silício em módulos transceptores de elevado débito de dados é convenientemente abordada com recurso a tecnologias avançadas de empacotamento, como o empilhamento em flip-chip da eletrónica de condução (ASIC) em PIC, utilizando micro-pilares de cobre (figura).

**Um recetor de 100 Gb/s com um
TIA de quatro canais eléctricos
sobreposto a um PIC de quatro canais ópticos.**

Graças aos baixos parasitas e ao caminho de sinal reduzido entre ASICs e PICs, esta abordagem é particularmente adequada para aplicações de taxa de dados de 56 GBd (e mais).

Para aumentar ainda mais a largura de banda agregada do módulo, mantendo o fator de forma tão pequeno quanto possível, serão também necessárias, no futuro, abordagens de integração totalmente em 3D. Uma abordagem a curto prazo é a integração de TSVs (through-silicon via), que são ligações eléctricas verticais que atravessam completamente o substrato de silício do PIC. Ao atingirem densidades de interconexão mais elevadas do que a ligação por fios, os TSV abrem caminho ao desenvolvimento de interpositores fotónicos de alta velocidade que requerem um elevado número de entradas/saídas. Essa integração será um fator essencial para os dispositivos da próxima geração, abordando módulos à escala de terabit em centros de dados, bem como redes ópticas em pastilha (optical network-on-chip) em arquitecturas de interconexão de processadores de muitos núcleos para computação de alto desempenho (Figura).

**Um exemplo de interpositor de rede ótica em chip de alta velocidade
para arquitecturas de interligação de processadores com muitos núcleos.**

## 7.4.1. Plataforma de fotónica de silício melhorada

A fotónica de silício oferece também a possibilidade de circuitos fotónicos 3D utilizando várias camadas de guias de ondas ópticas no mesmo chip. Com este método, pelo menos dois circuitos fotónicos de silício podem funcionar em conjunto.

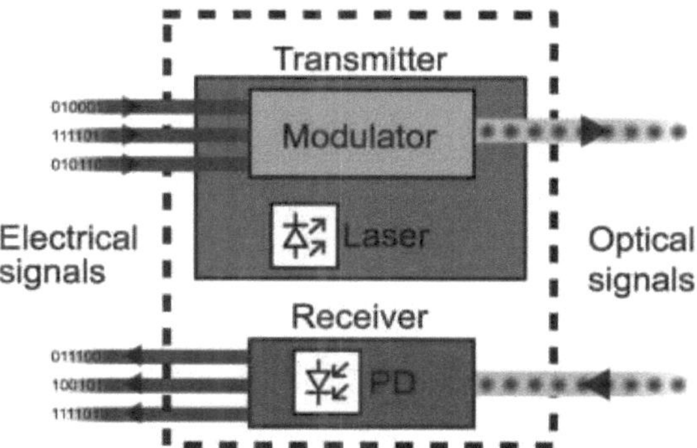


As diferentes camadas de guias de ondas são colocadas suficientemente próximas (ou seja, 100 nm) para permitir um acoplamento ótico eficiente. Este esquema de integração oferece um novo grau de liberdade aos projectistas, tanto para melhorar o desempenho dos componentes existentes como para desenvolver novas funções fotónicas. Um dos primeiros exemplos desta abordagem, desenvolvido pela Leti e pela ST-microelectronics no âmbito do projeto europeu H2020 COSMICC, envolve a introdução de uma camada ótica de nitreto de silício, cujo índice de refração é muito menos sensível à temperatura do que o do silício (Figura). Esta propriedade pode ser explorada para construir multiplexadores de comprimento de onda (MUX) quase termicamente insensíveis, que são necessários para aplicações de centro de dados de multiplexagem por divisão de comprimento de onda grosseira (CWDM) de baixo custo em que o PIC não será arrefecido. Nesses casos, são necessários MUX termicamente insensíveis para fazer face a variações do comprimento de onda do laser de ±10 nm para cada canal. A camada de nitreto de silício pode também ser utilizada com vantagem para obter um acoplamento de entrada/saída de banda larga a fibras ópticas, também necessário para aplicações CWDM.

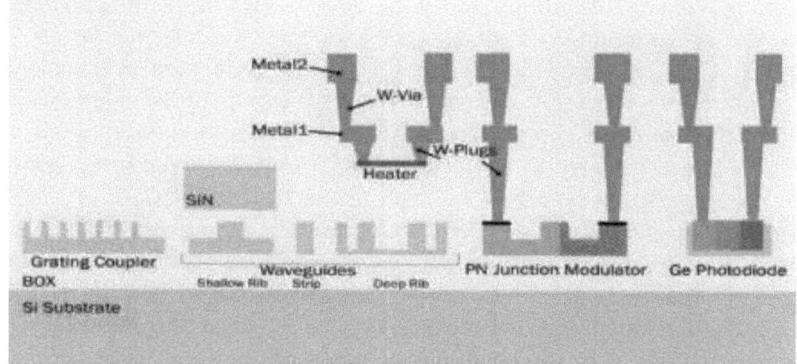


**Circuitos fotónicos 3D que utilizam duas camadas de guia feitas de silício e nitreto de silício.**

A fotónica de silício já oferece uma plataforma escalável muito atraente para satisfazer as exigências da próxima geração de interconexões de telecomunicações e de comunicações de dados. No entanto, outro desafio fundamental continua a ser a integração das fontes de laser. Até agora, a fonte de laser tem permanecido separada do resto do chip, o que leva a uma complexidade de embalagem de alto custo e a perdas inevitáveis de acoplamento com o resto do circuito. No entanto, existe uma solução promissora a curto e médio prazo na integração heterogénea de semicondutores III-V com silício através de técnicas de ligação direta. Nesta abordagem, as bolachas ou matrizes de InP não estruturadas são ligadas com tolerâncias de alinhamento reduzidas, com as camadas epitaxiais viradas para baixo, a uma bolacha de silício sobre isolador estruturada com circuitos de guia de ondas ópticas, incluindo passivos, moduladores e fotodetectores. Após a ligação, o substrato de crescimento InP é removido e a película epitaxial III-V é processada. Recentemente, a Leti desenvolveu com êxito um processo compatível com CMOS de 200 mm para fabricar PIC, incluindo lasers híbridos III-V em Si.

**Uma fonte laser por integração heterogénea de meios de ganho III-V num PIC.**

Esta abordagem explora as propriedades de emissão de luz altamente eficientes dos materiais semicondutores III-V, bem como os circuitos fotónicos compactos e de baixas perdas em silício. A luz é gerada no material III-V e liga-se ao circuito de silício graças à utilização de cones adiabáticos.

Todos os elementos das cavidades laser - exceto o meio de ganho - são fabricados em silício, no qual é possível obter um melhor desempenho graças à maior maturidade dos processos de fabrico em silício, nomeadamente os espelhos das cavidades, como os espelhos de Bragg, e os elementos de filtragem adicionais. Os acopladores verticais de fibra são também fabricados em silício para a saída de luz dos lasers.

Uma realização fundamental foi a integração de lasers em silício para várias aplicações de comunicações. O III-V Lab e o Leti desenvolveram lasers sintonizáveis numa vasta gama de comprimentos de onda de 40 nm a 90 nm, com um nível de potência próximo do dos lasers InP a granel, para redes de metropolitano e de acesso que utilizam a multiplexagem por divisão densa do comprimento de onda (DWDM). A modulação direta destes lasers sintonizáveis a 25 Gb/s ao longo de 50 km foi demonstrada para utilização em redes de acesso, graças a estruturas integradas de gestão de chirp. Vários tipos de lasers optimizados de realimentação distribuída, que apresentam um comportamento monomodo robusto e uma largura de linha reduzida, também foram desenvolvidos com êxito para aplicações em centros de dados, onde o baixo custo por bit por segundo é fundamental. Esta integração híbrida III-V-sobre-silício também oferece novas opções para modulação e deteção. Outros dispositivos activos, como moduladores de electroabsorção, fotodíodos e amplificadores de luz, podem também ser realizados através da engenharia da hetero-estrutura III-V. O III-V Lab e o Leti conseguiram uma demonstração preliminar de um circuito transmissor que inclui um laser de realimentação distribuída, um modulador de electroabsorção e um amplificador ótico semicondutor com transmissão sem erros ao longo de 25 km a 25 Gb/s, utilizando a mesma pilha epitaxial. Nesta perspetiva, uma das características atractivas da integração heterogénea utilizando matrizes é a vasta escolha de materiais de ganho, permitindo a otimização separada de lasers, moduladores de electroabsorção III-V e fotodíodos para construir circuitos transmissores de elevado desempenho, alta velocidade e baixo consumo de energia. Para além dos materiais III-V, esta tecnologia de integração heterogénea abre a porta à implementação de vários materiais nos PIC, a fim de abordar novas funções e campos de aplicação.

## 7.6. Parcerias público-privadas

Com base na maturidade atingida pela tecnologia fotónica de silício, são visadas novas áreas de aplicação para as comunicações ópticas e não só. As tecnologias e aplicações da próxima geração estão a ser desenvolvidas em iniciativas de parceria público-privada de I&D, como a PETRA do Japão, a IRT NANOELEC de França, a parceria público-privada Photonics21 da Europa e a AIM Photonics nos EUA.

No que respeita às interligações ópticas, os objectivos a curto e médio prazo centram-se nas aplicações dos centros de dados, com a migração dos transceptores ópticos para mais perto da eletrónica, dos módulos do painel frontal para a ótica de placa intermédia. O nível de integração final vai um pouco mais longe, considerando a ligação em rede ótica ao nível das pastilhas com integração 3D da fotónica e da eletrónica para muitas arquitecturas de processadores centrais. Para além das aplicações de interconexão ótica, as novas áreas a explorar incluem sensores para a Internet das Coisas (IoT), sistemas LIDAR para automóveis autónomos, geradores de imagens para realidade aumentada e biofotónica para cuidados de saúde.

## 7.7.. Semicondutores

**Parceria industrial para desenvolver pilhas de laser de díodo de elevado desempenho Sensores e Detectores**

# Capítulo 8

# Fotónica de silício para o futuro

## 8.1.Prefácio

Desde a nova empresa de fotónica de silício Open-Light da Synopsys e da Juniper Networks até aos avanços da Intel na fotónica integrada de comprimentos de onda múltiplos, a fotónica de silício está certamente a ter um momento de destaque. O fabrico de circuitos fotónicos utilizando tecnologias CMOS, também conhecidas como fotónica de silício, não só oferece a escala de fabrico à escala de bolacha de semicondutores, como também permite vantagens em novas aplicações electrónicas que utilizam as propriedades da luz em computação, comunicação, deteção e imagiologia.

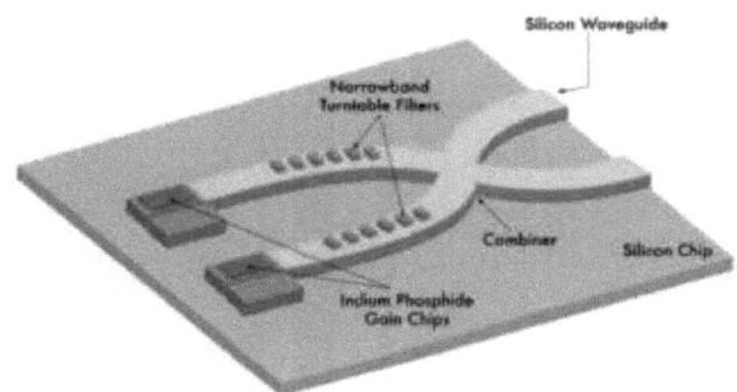


Por estas razões, a fotónica de silício está a ser cada vez mais utilizada em aplicações de comunicações de dados ópticos, deteção, biomédicas, automóveis, realidade virtual e inteligência artificial (IA). Até há pouco tempo, o principal desafio para a fotónica de silício era o custo de adicionar lasers discretos que funcionavam como "fonte de alimentação" para os circuitos fotónicos, o que inclui o fabrico, bem como a montagem e o alinhamento desses lasers no chip fotónico. Continue a ler para obter uma visão macro da indústria da fotónica de silício, incluindo as vantagens da integração eletrónica, a forma como a indústria está a acelerar o desenvolvimento de concepções de circuitos integrados fotónicos em todos os mercados, a razão pela qual as empresas estão interessadas em mudar para lasers integrados e muito mais

## 8.2.Definição

Comecemos pelo básico. Sabemos que a luz pode comportar-se como uma onda ou uma partícula, e que este comportamento pode ser manipulado. O termo "ótica" refere-se ao estudo da luz e é frequentemente utilizado para falar da luz que é visível ao olho humano (por exemplo, a luz de um farol, a luz reflectida por uma lente como uma lupa, etc.). O termo "fotónica" designa os sistemas em que a luz é reflectida ou manipulada a uma escala muito mais pequena (pensemos que é inferior a alguns micrómetros). A fotónica integrada é quando o sistema fotónico é fabricado utilizando tecnologia de semicondutores com bolachas que são processadas numa instalação de sala limpa. E se o processo de fabrico utilizado for muito semelhante ao fabrico de CMOS, é então designado por fotónica de silício.

Por outras palavras, a fotónica de silício é uma plataforma material a partir da qual podem ser fabricados circuitos integrados fotónicos (PIC) utilizando bolachas de silício sobre isolador (SOI) como material de substrato semicondutor. Esta tecnologia está a tornar-se muito mais popular e viável do que nunca, e há uma razão importante para isso.

Inicialmente, a fotónica integrada começou por utilizar materiais como vidro de sílica dopado, niobato de lítio ou fosforeto de índio como superfície material, especialmente para aplicações de telecomunicações e de comunicações de dados de longo curso. No entanto, a grande maioria da indústria de semicondutores utiliza o silício como material principal para criar circuitos CMOS integrados, obtendo um rendimento muito elevado e um baixo custo. A física da fotónica torna perfeitamente adequada a modelização e o fabrico de dispositivos e circuitos fotónicos utilizando processos CMOS usados em nós de silício mais antigos. A utilização de processos de fabrico maduros abriu uma via economicamente viável para a produção em massa e, consequentemente, a fotónica integrada de silício arrancou.

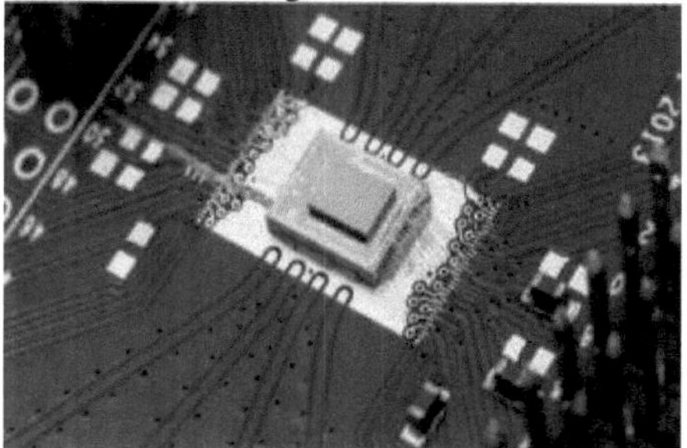

Atualmente, a fotónica de silício tem aproveitado o ecossistema de fabrico e conceção CMOS maduro, que provou ser muito rentável à escala, para começar a construir sistemas fotónicos integrados.

## 8.3. As principais vantagens da fotónica de silício

Agora que a indústria pode fabricar PICs de forma eficiente em bolachas de silício, todos os benefícios que a fotónica de silício traz podem começar a ser aproveitados na eletrónica convencional. Uma das principais vantagens dos PIC é o facto de permitirem, alargarem e aumentarem a transmissão de dados. Historicamente, para distâncias maiores, as ligações de cobre atingiram primeiro o limite da largura de banda em relação ao consumo de energia. Mais recentemente, as ligações de fibra ótica estão a ser utilizadas em centros de dados para ligações cada vez mais curtas na arquitetura da rede. A tendência mais recente é aproximar ainda mais as conexões ópticas dos ASICs do switch, passando de um transcetor ótico plugável para um chiplet de E/S ótica que está no mesmo pacote que o switch. Isto reduz as distâncias para as ligações SerDes eléctricas de alta velocidade, reduzindo o consumo global de energia para a E/S.

## 8.4. Aplicações de fotónica de silício

Para além de ser utilizada em centros de dados, a fotónica de silício também pode ser utilizada para deteção, o que é benéfico para uma variedade de indústrias diferentes. Por exemplo, a deteção ótica, a transmissão de um sinal e a receção de um sinal ótico refletido ou transmitido, pode ajudar a determinar as propriedades do ambiente circundante. Esta atividade de deteção é benéfica para aplicações biomédicas e de saúde, como o diagnóstico e a análise, e para aplicações vestíveis de saúde do consumidor, bem como para LiDAR para automação industrial e condução autónoma.

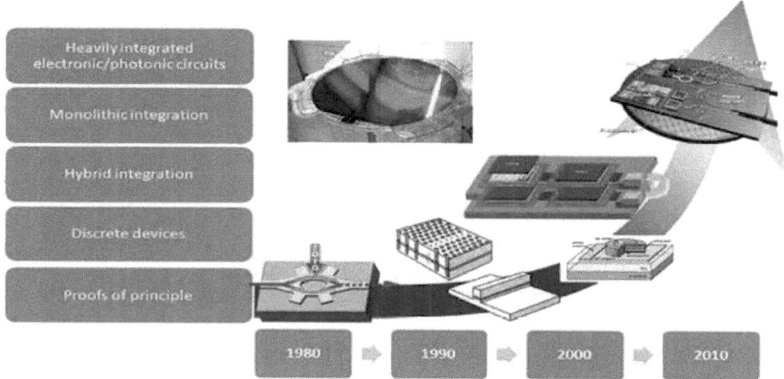

Os chips LiDAR de estado sólido estão a ganhar força no espaço dos veículos autónomos e da automação industrial. Em vez de utilizar sinais de radiofrequência (RF), o LiDAR utiliza a luz que é reflectida nas superfícies para analisar e fornecer informações críticas sobre o que se passa na estrada e dar indicações sobre a forma como o automóvel deve reagir (por exemplo, em que direção os objectos se estão a mover, onde podem existir obstáculos, etc.). É claro que a conceção de qualquer coisa que venha a ser utilizada na indústria automóvel implica muitos regulamentos de segurança que têm de ser tidos em conta. No que diz respeito às aplicações LiDAR generalizadas e de grande volume para o consumidor, a realidade virtual aumentada já foi introduzida em alguns smartphones. Outra provável aplicação em grande escala da fotónica de silício é a medição da saúde humana, incluindo o ritmo cardíaco, a saturação e os níveis de hidratação para dispositivos portáteis, como relógios inteligentes e dispositivos médicos implantados no corpo.

Como em qualquer processo de desenvolvimento de produtos, as decisões sobre qual a tecnologia mais adequada para uma aplicação específica têm de ser cuidadosamente ponderadas e incluem factores como o custo, os requisitos de desempenho, o tempo que demorará a chegar ao mercado e as relações pré-existentes com fundições e fornecedores de embalagens.

## 8.5. A mudança para lasers integrados

Tal como uma fonte de tensão num circuito elétrico, os lasers são a fonte de energia para um circuito fotónico de silício. Atualmente, é impossível fabricar uma fonte de luz (ou laser) em silício devido ao intervalo de banda indireto do material. É por isso que materiais como o fosforeto de índio são utilizados para criar lasers semicondutores para comprimentos de onda utilizados em telecomunicações e comunicações de dados.

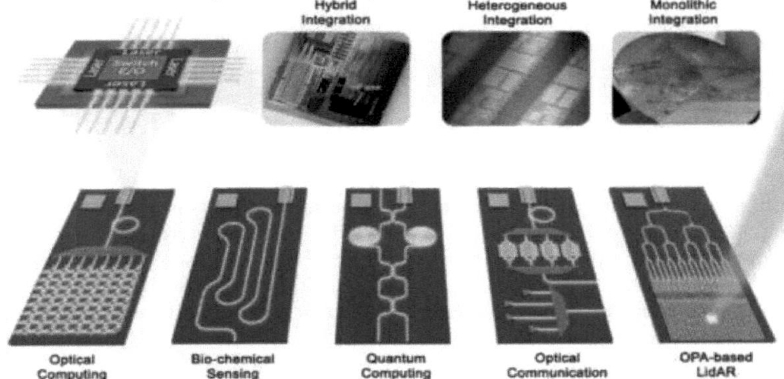


Empresas como a Open-Light aperfeiçoaram várias técnicas para integrar o fosforeto de índio em chips de fotónica de silício para criar lasers, moduladores e detectores integrados que accionam o circuito fotónico. Isto permite aos clientes colher os benefícios dos processos de fabrico padrão e obter os muitos benefícios de desempenho da fotónica de silício. Além disso, podem ser utilizados vários lasers com comprimentos de onda ligeiramente diferentes no mesmo sistema para aumentar ainda mais a escala. No passado, as matrizes de laser de ligação híbrida suscitavam preocupações em termos de fiabilidade, mas os lasers integrados aumentam a fiabilidade e abrem a possibilidade de aplicações que requerem múltiplos lasers ou secções de amplificação. No entanto, os projectistas não devem ignorar o aspeto térmico, uma vez que os lasers geram calor que deve ser tido em conta na conceção do circuito e da embalagem. A indústria da fotónica de silício está apenas a começar devido ao enorme valor técnico e económico que representa. Quanto mais próxima a entrada/saída (E/S) ótica estiver do núcleo de silício (através da integração heterogénea 2,5/3D), menor será a penalização da comunicação, o que a torna perfeita para aplicações de computação de elevado desempenho e de inteligência artificial. Seja qual for o futuro da fotónica de silício, estamos entusiasmados por fazer parte dos investimentos que estão a ser feitos na indústria e das muitas inovações que serão possíveis com esta tecnologia.

## 8.6.Futuro da fotónica de silício

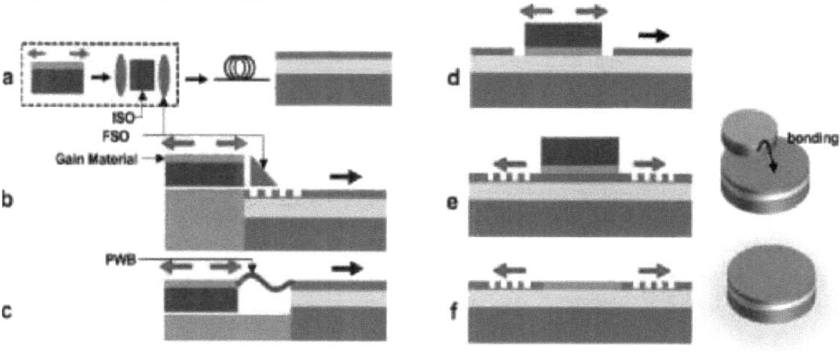

**MEMS fotónicos de silício integrados.**

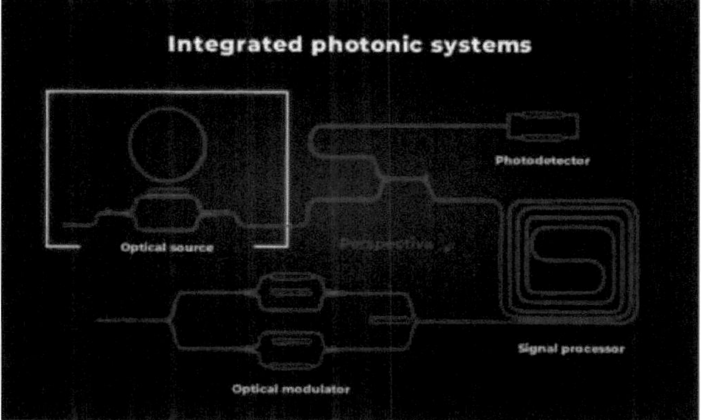


**O potencial e as perspectivas globais da fotónica integrada para as tecnologias quânticas.**

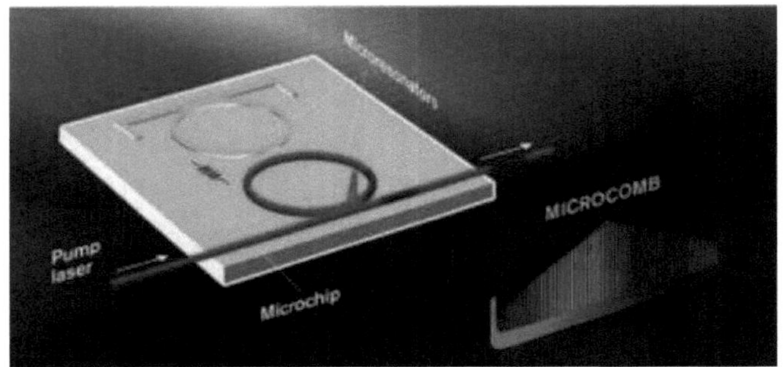


**Sistemas fotónicos de silício com microesferas.**

## 8.6.1. O futuro das gerações

A figura traça a evolução da fotónica de silício [149, 150]. Os circuitos integrados fotónicos (PIC) baseados em silício foram introduzidos em 19853 [151-153] e os guias de onda de baixa perda num processo de silício espesso sobre isolador (SOI) foram demonstrados em 1991-924,5. Em seguida, foram demonstrados vários dispositivos ópticos6 e, em breve, a fotónica de silício estava na era da integração em pequena escala (SSI) - com 1 a 10 componentes [154] num PIC. Incluíram-se demonstrações de moduladores de junção pn de alta velocidade [155-157] e de fotodetectores (PD) [158-161], bem como a integração heterogénea de um laser III-V num PIC de silício [62]. A era seguinte deu início ao sucesso comercial da fotónica de silício. Com 10 a 500 componentes num PIC, esta era de integração em média escala (MSI) assistiu à demonstração e adoção bem sucedidas do modulador Mach-Zehnder (MZM) em transceptores de deteção direta com modulação de intensidade (IMDD) em centros de dados - tanto de comprimento de onda único [163] como de comprimento de onda múltiplo [164-167]. Os transceptores IMDD baseados em micro-modulador de anel (MRM) (Figura) demonstraram as vantagens de multiplexagem e eficiência energética da tecnologia PIC [168 170]. Os transceptores coerentes em plataformas fotónicas/electrónicas de silício provaram que a tecnologia pode competir em termos de desempenho com as suas contrapartes fotónicas LiNbO3 e electrónicas III-V [171-174].

A fotónica de silício está agora a embarcar na próxima era de integração em grande escala (LSI) - para 500 a 10 000 componentes no mesmo chip. As aplicações para LSI incluem o LIDAR (Figura) [175 180], a projeção de imagens [181], a comutação fotónica [182], a computação fotónica [183-187], os circuitos programáveis [188] e os biossensores multiplexados [189]. Até protótipos VLSI (>10 000 componentes) foram já demonstrados [178-182]. No domínio das comunicações, que tem sido o principal motor de mercado da fotónica de silício, esta passou de uma tecnologia concorrente na era SSI a uma tecnologia indiscutivelmente dominante na era MSI para as interligações intra e inter-centros de dados e está pronta a tornar-se a tecnologia dominante na era LSI. Para que a ótica em co-embalagem (CPO) seja bem sucedida, a computação de alto desempenho seja escalonada [160] e a computação desagregada se torne uma realidade [190], a fotónica de silício será fundamental.

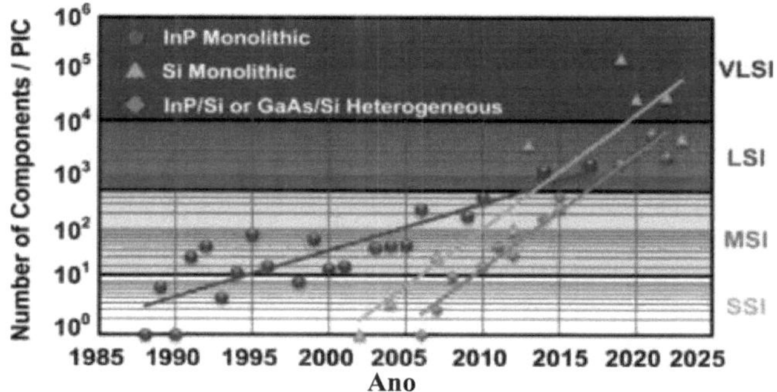

**Cronologia do número de componentes de um
circuito integrado fotónico de silício
(PIC) ao longo de gerações de
integração
em pequena, média,
grande e muito grande escala.**

Um componente é uma célula unitária que é combinada com outras células unitárias para construir um circuito, como um guia de ondas, um acoplador direcional, um aquecedor, um acoplador de grelha, etc. A fotónica heterogénea de silício tem um atraso de cerca de dois anos em relação à fotónica híbrida. Para efeitos de comparação, são também apresentados dados relativos à fotónica integrada baseada em InP. Em geral, quanto maior for o número de moduladores de alta velocidade, mais difícil será o escalonamento.

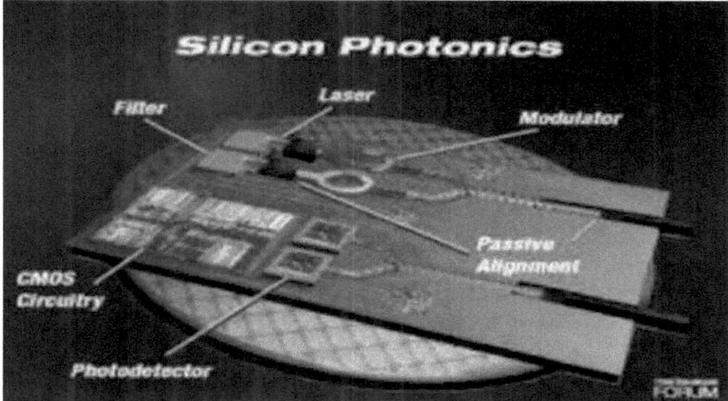

**Representações ilustrativas de sistemas fotónicos de silício LSI que captam tecnologias
actuais e futuras.**

Um transcetor WDM: Um laser de semicondutor bloqueado por modo (SMLL) fornece luz de onda contínua (CW) de vários comprimentos de onda a uma série de moduladores e filtros compactos com capacidade WDM. Os circuitos de controlo de reflexão limitam as reflexões de retorno ao laser. Os fotodetectores (PDs) de alta velocidade efectuam a conversão O/E. b A corrente eléctrica é então amplificada por amplificadores de transimpedância (TIAs) e amplificadores limitadores. Os conversores analógico-digitais (ADCs) são utilizados para digitalizar o sinal para posterior processamento digital do sinal (DSP). Os PD de monitorização são utilizados para controlar e estabilizar o comprimento de onda, a mudança de fase e a temperatura. Os conversores digitais-analógicos (DACs) e os controladores são utilizados para a modulação E/O do sinal digital. A memória dinâmica de acesso aleatório (DRAM) permite um grande acesso à memória. Podem também ser utilizados microcontroladores (µC) para descarregar parte do processamento digital. c LIDAR: Um laser sintonizável fornece luz de frequência quirométrica a uma rede de deslocadores de fase, circuladores/duplexadores e front-end coerente para deteção e variação homódina/heteródina de CW modulado em frequência (FMCW). A direção do feixe é efectuada utilizando matrizes de fase ótica (OPA) ou matrizes de plano focal (FPA). Os interferómetros de linha de atraso ajudam a calibrar as frequências de batimento recebidas e suportam a linearização de chirp controlando diretamente o laser sintonizável ou um modulador e várias formas de correção de erros através de DSP.

## 8.7.Fotónica de silício: Perspetiva tecnológica

Ao longo das gerações de desenvolvimento do processo CMOS, muitos materiais foram adicionados ao silício para reduzir a potência, melhorar o desempenho e diminuir a área - frequentemente designada por métrica PPA. As adições incluem Al e Cu para traços metálicos, Ge para induzir tensão e permitir BJTs de hetero-junção, e nitreto de silício (SiN) para passivação e barreiras de difusão. Os orçamentos de I&D para CMOS e os mercados comerciais são ordens de grandeza superiores aos da fotónica de silício, pelo que é natural que as fundições de fotónica de silício aprendam e adoptem as inovações dos processos CMOS. Assim, assistimos a uma tendência semelhante no desenvolvimento dos processos da fotónica de silício. Para além dos dopantes p/n para modulação de alta velocidade, dois materiais que são agora suportados nativamente por várias fundições são:
- Ge fotodetectores de alta velocidade, e
- SiN para alargar a gama de comprimentos de onda, permitir uma maior potência ótica e suportar guias de onda com menores perdas e melhor controlo de fase em dispositivos inter-ferométricos [192].

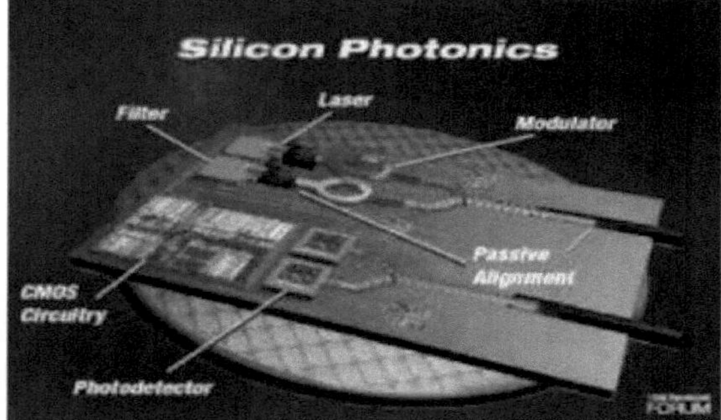



A redução da área será um ponto fulcral para a próxima década de desenvolvimento de processos fotónicos de silício para a era LSI e VLSI. Na realidade, as maiores limitações de densidade raramente provêm do tamanho do dispositivo; o espaçamento entre guias de ondas para eliminar a diafonia é muito maior do que o tamanho dos próprios guias de ondas. Para os dispositivos de radiofrequência (RF), o espaçamento entre os elementos activos - que têm uma dimensão crítica de microns - é frequentemente de centenas de microns, para eliminar a diafonia de RF. A redução destes "espaços em branco" exige uma simulação muito pormenorizada ao nível dos sistemas e uma modelação multifísica agressiva, e será fundamental para tornar os chips mais pequenos, mais baratos e com maior densidade. Os próprios elementos passivos estão geralmente limitados em termos de redução de tamanho pelo contraste do índice e pelo comprimento de onda de funcionamento de 1-2 μm. Existe ainda alguma margem de manobra com a utilização de técnicas de conceção inversa para reduzir os blocos de construção passivos, mas o próprio guia de ondas não pode realmente diminuir muito abaixo da atual largura de 400-500 nm para plataformas de silício. No entanto, é ainda possível um aumento significativo da escala nos acopladores de E/S ótica e nos moduladores de alta velocidade. Para o acoplamento a fibras ópticas, as ranhuras em V com acopladores de extremidade proporcionam uma conetividade de baixa perda e fácil de embalar à custa de uma área de pastilha considerável. Os acopladores de borda sem ranhuras em V são mais pequenos, mas exigem um alinhamento ativo e um tratamento de superfície mais precisos (polimento, corte em cubos), aumentando assim o custo. As fibras com vários núcleos são uma solução atractiva para utilizar eficazmente a limitada frente de praia fotónica em torno das extremidades de um chip [193].

A principal abordagem alternativa de acoplamento é através de acopladores de grelha, que são compactos, proporcionam a flexibilidade de posicionamento na superfície da pastilha, permitem o ensaio ao nível da pastilha e podem também ser realizados com baixa perda de inserção (IL), mas sofrem de sensibilidade à polarização e à temperatura e de menor largura de banda ótica [192-194]. As técnicas de empacotamento de alinhamento passivo, como a colagem de fios fotónicos (PWB) [195], oferecem uma alternativa potencial atraente. Utilizando a visão por computador e a automatização, as PWB podem ser fabricadas em polímeros foto-resistentes através da absorção de dois fotões entre dois locais de acoplamento, permitindo até 30 μm de desvio. São utilizados marcadores de alinhamento simples para localizar os locais de acoplamento, e os locais não requerem um passo rigoroso ou grandes pegadas, proporcionando assim um alinhamento passivo, com baixas perdas e uma contagem de portas escalável. Noutra técnica de alinhamento passivo para ligação plugável, a complexidade e a precisão exigidas podem ser transferidas da montagem da fibra para o fabrico ao nível da bolacha, em que uma matriz recetora de fibra pode ser integrada em flip-chip na matriz fotónica de silício com um espaçador de vidro [196]. Utilizando uma combinação de ranhuras em V e espelhos na matriz recetora da fibra, e espelhos e acopladores de superfície na matriz fotónica de silício, é possível realizar um conjunto de imagiologia con-focal tolerante a deslocamentos relativos de >10 μm das duas matrizes, proporcionando um conetor alinhado passivamente, de baixa perda, com um número de portas escalável e conectável [196]. Mais estudos de fiabilidade para estes conjuntos baseados no alinhamento passivo serão úteis para uma adoção generalizada.

## 8.8. Modulação E/O

A principal tarefa para a próxima década na redução dos circuitos integrados fotónicos e, consequentemente, no aumento da densidade, é encontrar o modulador "ideal" em fotónica de silício - pequeno em comprimento (L), exigindo uma pequena tensão de acionamento para incorrer numa mudança de fase $\pi$ ($V\pi$), oferecendo baixa perda de propagação ($\alpha$) e IL e, para várias aplicações, altamente linear e com grande largura de banda E/O (BW) de -3 dB [197]. Além disso, este modulador é preferencialmente um deslocador de fase, pois permite formatos de modulação coerente de ordem superior.

### 8.8.1. Moduladores de alta velocidade

A figura de mérito da eficiência (eficiência FoM) dos moduladores baseados em guias de ondas (Tabela) é $\alpha V\pi L$. No caso dos MRM, que são muito compactos, a perda devida a $\alpha$ torna-se menos crítica [198], e uma melhor eficiência FoM incide na IL e $Vpp$ (a oscilação de tensão pico a pico para uma amplitude de modulação ótica específica ou OMA). Todos os moduladores sofrem de um compromisso entre a eficiência da FoM e a E/O BW49,50 [199]. Finalmente, a potência consumida pelo condutor depende da impedância do modulador, tal como é vista pelo condutor. Uma impedância resistiva (um modulador de onda viajante terminado) consome energia estática (DC) e dinâmica (AC), enquanto uma impedância elevada (capacitiva) consome principalmente energia dinâmica. Uma IL elevada é também um indicador de um maior consumo de energia, uma vez que a potência do laser tem de ser aumentada para compensar as perdas.

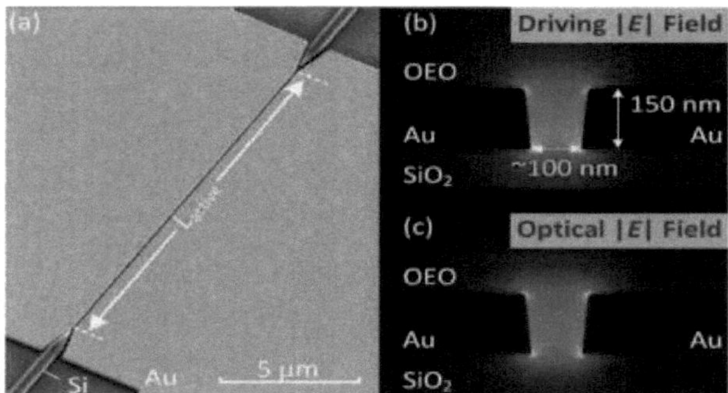

**Tabela 1 Comparação de diferentes topologias de moduladores.**

| Modulador Topologia | Tamanho | Ótica oi W | WDM |
|---|---|---|---|
| Interferométrico (por exemplo, Mach-Zehnder) | Grande (normalmente) | > 10 nm | Separado MUX/DeMUX |
| Ressonadores (por exemplo, Microring) | Pequeno | <0,1 nm | Ressonância ADD/DROP |
| Guia de ondas | Médio | > 10 nm | Separado MUX/DeMUX |

Para além da topologia, os parâmetros PPA de um modulador dependem do material e do mecanismo utilizado para a modulação. A tabela mostra os diferentes materiais utilizados para os moduladores em vários processos fotónicos de silício. Os dopantes p-n que utilizam a dispersão de plasma de portadoras livres estão atualmente disponíveis em todas as fundições fotónicas de silício comerciais, suportando E/O BW de 60 GHz ou mesmo superior. Atualmente, o mercado comercial é dominado por esses dispositivos, sob a forma de moduladores MZM de ondas viajantes [200]. A dispersão do plasma em Si conduz a uma eficiência medíocre da FoM, com um IL elevado para a OMA média. A acumulação de portadores permite MZMs mais curtos, mas com limitações de BW [201,202]. Quando implementados como MRMs, os dispositivos são muito mais pequenos, mas a IL e a OMA permanecem subóptimas para suportar ICs LSI/VLSI.

Com os PD de Ge já suportados pela maioria das fundições comerciais de fotónica de silício, várias equipas tentaram utilizar o GeSi, uma tecnologia relacionada mas não idêntica, para implementar um modulador melhor. Os moduladores de electroabsorção (EAM) de GeSi baseados no efeito Franz-Kelydysh podem funcionar na banda C/L com um elevado E/O BW. No entanto, em geral, não são opticamente de banda larga, uma vez que utilizam a modulação de borda de banda para a absorção. Para operações na banda O, os moduladores que utilizam o efeito Stark quântico confinado (QCSE) ainda sofrem de um grande IL [203]. Embora tenham sido desenvolvidos múltiplos esforços académicos e comerciais neste domínio, não é claro se estes moduladores serão incorporados nas futuras gerações de dispositivos comerciais.

A integração heterogénea de tecnologias de moduladores - InP, LiNbO3 de película fina sobre isolador (LNOI) ou BaTiO3 de película fina (BTO) - com Si pode ser feita utilizando a ligação direta (molecular) de matriz a matriz, matriz a wafer ou wafer a wafer ou a ligação assistida por adesivo. A ligação molde a molde proporciona a flexibilidade de utilizar moldes de qualidade conhecida, aumentando o rendimento. A colagem wafer-a-wafer continua a ser dispendiosa porque as diferenças de tamanho entre os wafers aceitadores SOI (200 mm ou

300 mm) e os wafers dadores do modulador (150 mm ou menos) conduzem a desperdícios.
A proximidade da integração dos materiais (dissimilares) na ligação direta facilita um acoplamento ótico superior e o transporte de calor entre eles [204]. No entanto, são necessárias superfícies muito lisas e limpas. Os procedimentos de polimento químico-mecânico (CMP), já utilizados no fabrico de grandes volumes (HVM) para a ligação direta heterogénea de InP a Si para lasers, têm de ser optimizados para uma via de integração do modulador escalável. O recozimento é necessário para uma forte ligação molecular e libertação de gases, mas a bolacha SOI pré-processada limita significativamente a temperatura de recozimento. Por conseguinte, é normalmente utilizado o recozimento a "baixa temperatura" a <350 °C, mas tal implica o desenvolvimento de técnicas personalizadas de libertação de gases e de receitas de ligação direta que requerem recursos extensivos para melhorar o rendimento. As discrepâncias no coeficiente de expansão térmica (CTE) também devem ser minimizadas. Os requisitos de topografia da superfície podem ser flexibilizados e a ligação pode ser reforçada utilizando um adesivo intermédio [205-207], mas a dissipação térmica, a estabilidade a longo prazo, o manuseamento da potência ótica e as propriedades de deriva têm de ser estudadas mais aprofundadamente [208].
A integração heterogénea de InP em CMOS já se reveste de interesse para a eletrónica e a fotónica. No caso da fotónica, abriu caminho para a integração de lasers na HVM de transceptores IMDD [209] e está a ser utilizada para a integração de SOA. Tendo em conta estes esforços de integração, os moduladores InP/Si continuam a ser promissores [210-212]. Os EAM InP/Si para as bandas C/L/O foram demonstrados e estão disponíveis em pelo menos uma fundição de fotónica de silício. Foram adoptadas técnicas de ligação direta de bolachas assistida por plasma de O2 [213] ou covalente de SiO256 . No entanto, os intervalos de banda necessários para um funcionamento ótimo do laser e do modulador são diferentes, o que complica significativamente a integração heterogénea. Para que os moduladores InP sejam popularmente adoptados como a integração de eleição para a próxima geração de fotónica de silício, é necessário melhorar consideravelmente o estado da arte em termos de FoMefficiency e E/O BW. Em geral, a compatibilidade com o processamento e refusão de Ge PD [214] seria um requisito para que uma nova tecnologia de moduladores fosse adoptada pelas fundições comerciais.

**Interligação heterogénea**
**Dispositivo InP DHBT**

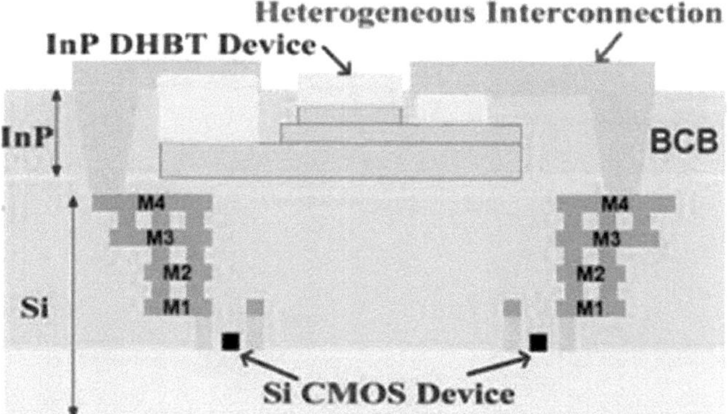


A modulação electro-ótica mais "pura" baseia-se no efeito Pockels, que proporciona uma E/O BW intrinsecamente muito elevada, excedendo mesmo os 100 GHz [215-218], mas estes materiais enfrentam desafios com a integração CMOS e têm pouca ou nenhuma história anterior de integração com CMOS para eletrónica (em comparação com o Ge e o SiN, que já foram introduzidos na eletrónica CMOS). Os moduladores LNOI [216] proporcionam um baixo IL e foram integrados com fontes e PD. No entanto, o seu produto $\alpha V\pi L$ tem de ser melhorado. O lítio, um contaminante nas fundições CMOS, restringe a integração da FEOL. A integração híbrida de moduladores LNOI gravados [219] (MZMs e MRMs) em PICs de silício continua a ser uma solução pragmática. A integração heterogénea de LN não gravado em silício é conseguida com tecnologias de integração BEOL ou de encapsulamento. Evitar a gravação também evita a formação de defeitos estruturais, a depleção de Nb e os problemas de acumulação de calor e de carga piroeléctrica associados aos processos LNOI gravados. Em contrapartida, torna-se difícil melhorar o confinamento modal. Uma vez que o modo ótico é distribuído de forma controlável na placa de LN não gravada e nos guias de ondas de Si, a obtenção de um raio de curvatura acentuado para os MRM continua a ser um desafio. A grande dimensão dos moduladores LNOI/Si também impede a sua adoção em aplicações que exijam muitos moduladores.

Os híbridos de polímeros silício-orgânicos (SOH) e os híbridos plasmónicos-orgânicos (POH) [69] requerem polimento e selagem hermética, o que coloca desafios significativos ao fabrico de dispositivos estáveis. A sua fiabilidade a altas temperaturas e a sua compatibilidade com a refusão têm de ser demonstradas, embora os resultados recentes sejam promissores [220]. Os moduladores POH, apesar de parecerem atractivos nos parâmetros PPA, sofrem ainda com a compatibilidade com as fundições CMOS SOI. Os metais plasmónicos de boa qualidade (Cu, Ag, Au) são também contaminantes graves e necessitam de camadas de barreira de difusão (por exemplo, TaN), que são opticamente muito deficitárias.

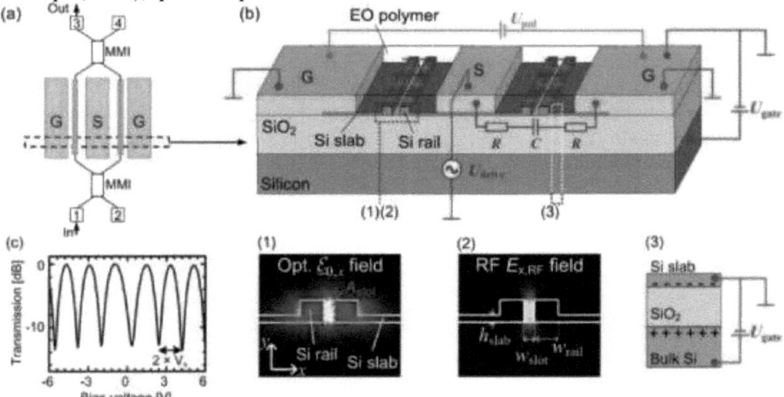


**Polímero híbrido silício-orgânico (SOH)** [220].

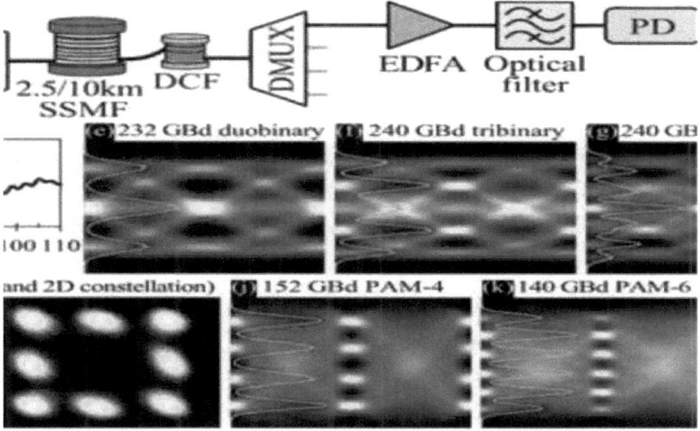


**Híbrido orgânico-plasmónico (POH).**

As camadas policristalinas de outros materiais ferroeléctricos de película fina, como o BTO, apresentam um coeficiente de Pockels muito maior (expresso em pm/V) do que o LNOI [221] e comparável ao dos polímeros, e as recentes demonstrações de grandes E/O BW [222, 223] tornam-nos promissores. Note-se que é importante um coeficiente de Pockels elevado no dispositivo, o que exige uma boa sobreposição do campo de modulação eléctrica e do modo ótico de propagação [220]. Como parte do processo de colagem direta de bolachas, as películas finas de BTO são fabricadas primeiro utilizando a deposição por epitaxia de feixe molecular em bolachas dadoras e, em seguida, coladas diretamente às camadas intermédias de dielétrico/SiO2 da bolacha SOI planarizada utilizando-se camadas intermédias de alumina como adesivo. O BTO também requer polimento para compensar a histerese da comutação do domínio ferroelétrico (embora apenas ~ 1V DC em comparação com tensões muito maiores necessárias para moduladores de polímero) [224]. As fontes de perda de propagação incluem a dispersão da rugosidade da parede lateral do guia de ondas e as vagas de oxigénio residuais na película fina de BTO - áreas que podem ser melhoradas.

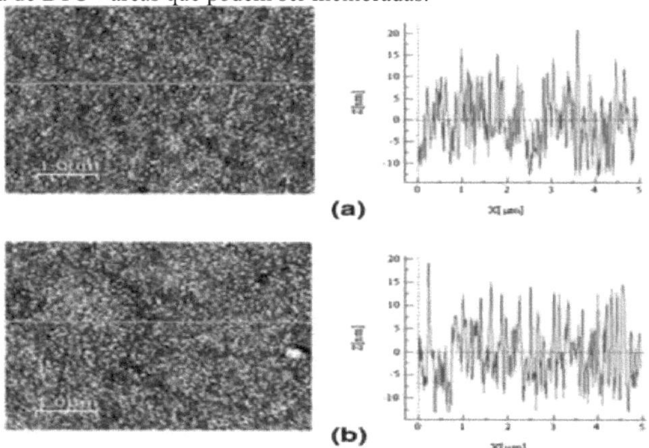

Melhorar todas as métricas PPA e a adequação HVM é crucial para as fundições comerciais e as aplicações LSI. No entanto, graças às numerosas aplicações fotónicas, haverá sempre necessidade de moduladores E/O BW extremamente elevados, e várias fundições de protótipos e de I&D continuarão a enfrentar os desafios de fabrico relacionados. Por último, embora os moduladores E/O BW de >100 GHz sejam atractivos para aplicações de telecomunicações e de centros de dados, requerem eletrónica capaz de os conduzir a tais velocidades. A menos que $V\pi$ (ou $Vpp$) seja significativamente reduzido, esses componentes electrónicos consumirão muita energia, independentemente da implementação CMOS/BiCMOS/III-V.

## 8.9. Deslocadores de fase para sintonização e comutação

Muitas aplicações fotónicas exigem desfasadores que consumam pouca ou nenhuma energia e tenham um baixo $\alpha V\pi L$ para configuração, sintonização e comutação. Para determinadas aplicações, estes deslocadores de fase também devem ser rápidos, mas não são necessários 10s de GHz de E/O BW. Embora em muitos circuitos a luz passe apenas por um modulador de alta velocidade, terá de atravessar muitos desfasadores de baixa velocidade para afinação e comutação, agravando assim a penalização do consumo de energia e da $\alpha V\pi L$. Os aquecedores metálicos (ou guias de onda dopados) que utilizam o efeito termo-ótico estão atualmente disponíveis em todas as plataformas de fundição. Têm um tempo de resposta de 1-10 µs e consomem uma potência considerável, gerando diafonia térmica e limitando assim a escala LSI/VLSI. Mas não introduzem perdas ópticas, o que constitui uma vantagem significativa em relação a outras alternativas [225].

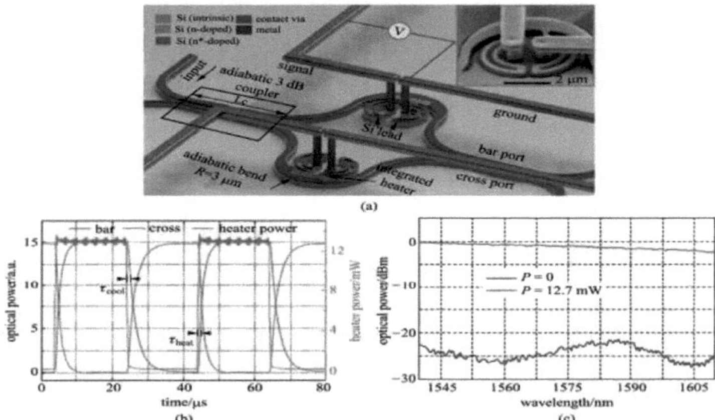


O último conjunto de materiais e técnicas enumerados no Quadro 2 são alternativas atractivas aos aquecedores. Incluem cristais líquidos (LC), MEMS/NOEMS e materiais de mudança de fase (PCM). A sintonização de LC sobre silício (LCOS) para aplicações em ecrãs foi demonstrada em grande escala e os LC têm sido também a tecnologia de eleição para interruptores selectivos de comprimento de onda no espaço livre. Como deslocadores de fase, aproveitam a birrefringência para demonstrar um forte efeito electro-ótico. O alinhamento das moléculas de LC pode ser controlado através da aplicação de tensão eléctrica (<1 V), sem que seja necessária qualquer corrente estática ou dinâmica significativa (nA). Por conseguinte, consomem muito pouca energia, mas atualmente sofrem de IL [226], embora recentemente tenha sido demonstrada uma IL muito baixa na banda visível [227].

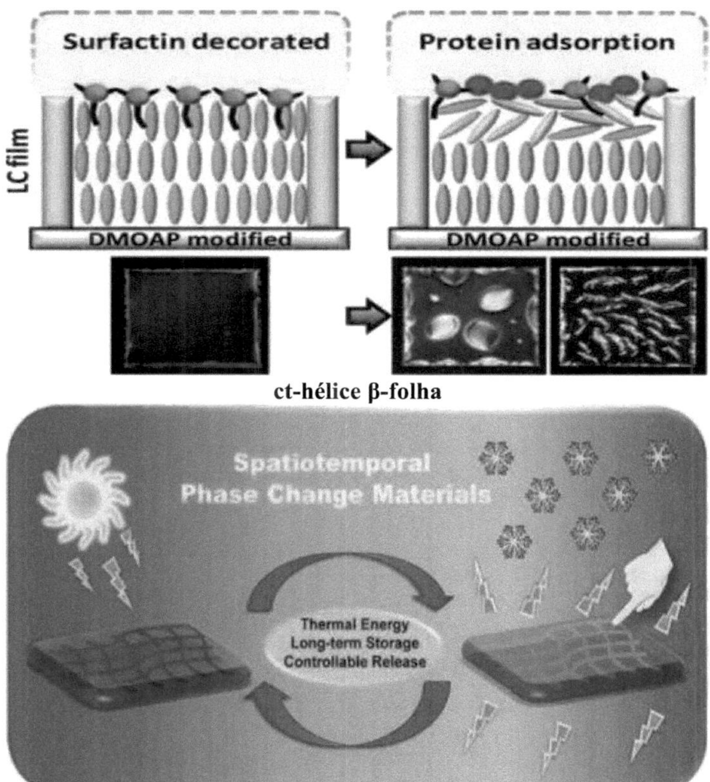


**Cristais líquidos (LC), e materiais de mudança de fase (PCMs).**
A integração de líquidos em pastilha apresenta o seu próprio conjunto de desafios em termos de temperatura e de embalagem, tanto na fase de fabrico como na fase de embalagem da BEOL, e requer etapas como a gravação, a projeção a jato de tinta ou a injeção, sem afetar outros dispositivos, como os acopladores de grelha, o alinhamento inicial da LC e a selagem. No entanto, os desafios são ultrapassáveis. A memória não volátil baseada em PCM atingiu a HVM na indústria eletrónica [228] e está a ser explorada para aplicações em redes neuronais [229]. A utilização de PCM na fotónica de silício promete capacidades de sintonização compactas, em que a mudança de fase ótica é obtida através da sintonização do estado do material entre amorfo e cristalino. Como deslocadores de fase não voláteis, podem manter o seu estado sem qualquer consumo de energia estática. Mas sofrem de IL e de um consumo significativo de energia dinâmica [230, 231], o que os torna adequados apenas para aplicações seleccionadas em que seja necessária uma mudança de fase esporádica. Os deslocadores de fase baseados em MEMS/NOEMS são inerentemente de baixo consumo [232] e foram demonstrados em várias fundições [233, 234].

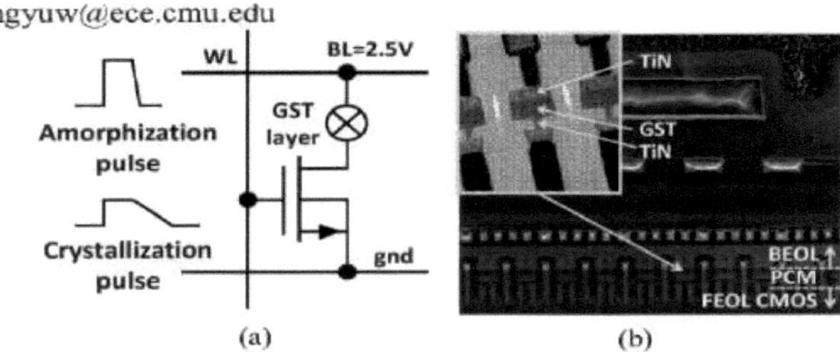


Fig. 1 (a) Circuit symbol of a PCRAM cell (b) SEM image

Um mecanismo promissor de mudança de fase em NOEMS utiliza a tensão aplicada para mover mecanicamente a estrutura da guia de ondas, alterando a distribuição do campo do modo ótico e, consequentemente, o índice de refração efetivo [235]. Pode ser utilizada uma estrutura de ranhuras duplas [235], em que as ranhuras duplas (regiões de atuação) dentro de uma junção p-i-n actuam como condensadores que são carregados ou descarregados com a tensão aplicada sem consumir corrente significativa, a velocidades comparáveis às dos aquecedores metálicos, mas sem a interferência térmica. O comprimento compacto, a tensão de acionamento <1V, a baixa potência e a IL negligenciável [235] fazem dos desvios de fase NOEMS uma escolha apelativa para a tecnologia de desvios de fase da próxima geração na fotónica de silício. Desafios como a vedação hermética com passagens ópticas e eléctricas são solucionáveis [236, 237]. Finalmente, materiais como o BTO prometem uma modulação de alta velocidade e uma mudança de fase compacta e de baixa potência [90], à custa de grandes desafios técnicos e económicos de integração [248]. Como deslocadores de fase, o seu IL deve ser consideravelmente reduzido para competir com outras tecnologias. Foi demonstrada a integração de materiais emergentes como o grafeno [249] e o óxido de índio e estanho (ITO) [250] na fotónica de silício.

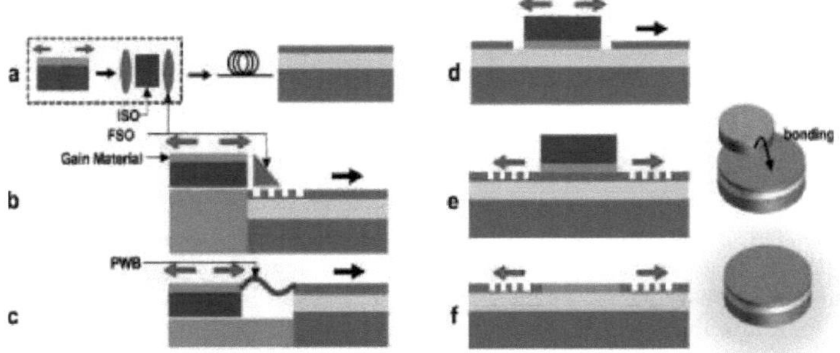


**Técnicas para ligar um laser a um PIC de silício. (a)- Laser-isolador convencional (ISO)-fibra**
**PIC com ótica de espaço livre (FSO). (b)- Híbrido 2,5D com FSO, (c)- Híbrido 2,5D com ligação de fios fotónicos (PWB).(d)- Híbrido 3D (flip chip ou impressão por transferência).**
**(**
**e)- Hetero-géneo (colagem direta ou impressão por transferência),**
**(f) Monolítico (Hetero-epitaxia).**

## 8.10. Integração de laser

O hiato de banda indireto do silício impede o ganho ótico eficiente que é necessário para um laser (portador CW) no PIC. Esta deficiência exige materiais ou métodos alternativos para introduzir fontes de luz num chip de silício, e os desenvolvimentos registados nas últimas décadas conduziram a diferentes soluções (Figura) [241]. A técnica convencional consiste em ligar o PIC por fibra ótica com um laser e um isolador (Figura a). Abordagens mais escaláveis integram materiais de ganho III-V com o PIC sem fibra. Mas continua a ser necessário um isolador se o laser não tolerar reflexões. Os isoladores fora do chip têm um bom desempenho, mas são volumosos e aumentam a complexidade e o custo da embalagem. Pragmaticamente, é muitas vezes possível conceber chips e embalagens de modo a que os reflexos posteriores não sejam um fator limitativo; as elevadas perdas no percurso de transmissão proporcionam uma barreira entre o mundo exterior e qualquer fonte de luz. Além disso, o custo dos isoladores compactos pode ser gerido quando concebidos no pacote. As abordagens de controlo da reflexão no circuito integrado (Figura) que podem eliminar a necessidade de isoladores volumosos incluem a conceção cuidadosa dos componentes fotónicos para reduzir as reflexões abaixo do limiar de tolerância do laser, a redução da sensibilidade à reflexão do laser através da utilização de regiões de ganho de pontos quânticos com um baixo fator de melhoria da largura de linha [242], a integração monolítica de materiais magneto-ópticos (por exemplo, Ce: YIG) [243], moduladores espácio-temporais [244] ou circuitos activos de cancelamento da reflexão [245]. Uma solução generalizada, de baixo custo, escalável, no chip, de baixa perda, de baixa potência e compacta, robusta a reflexões multi-comprimento de onda moduladas próximas (coerentes) e distantes (incoerentes), continua a ser um problema de investigação.

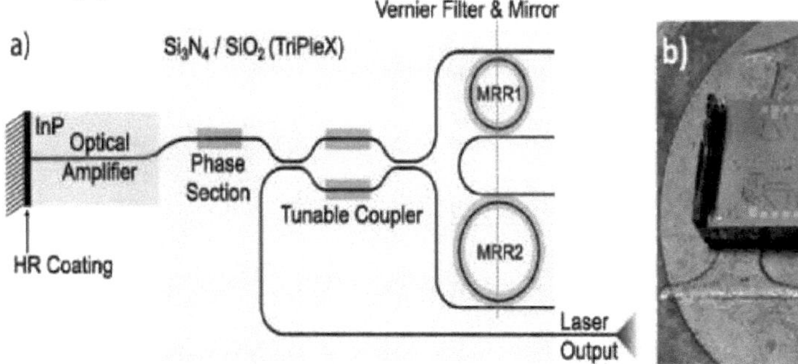


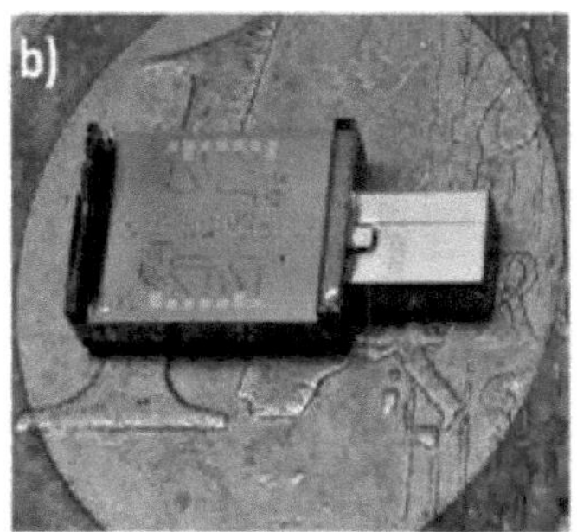


Uma solução pragmática para a integração de lasers é a integração híbrida, em que várias pastilhas de diferentes tecnologias de materiais são embaladas em conjunto. Por exemplo, os lasers DFB (sub)-mm, fabricados aos milhões para aplicações de comunicações de dados a baixo custo e com elevado rendimento e pré-testados, podem ser co-embalados com um chip fotónico de silício ou mesmo com uma bolacha. Uma tecnologia de integração 2,5D que tem sido comercialmente bem sucedida envolve o empacotamento de lasers de qualidade conhecida com a matriz fotónica de silício utilizando epóxi, lente esférica e isolador (Figura) [244, 245]. Outras técnicas 2,5D incluem a utilização de acoplamento de topo [246] ou a ligação de fios fotónicos99 para permitir tolerâncias de alinhamento reduzidas (Figura c). Estas técnicas 2,5D são atualmente adequadas para várias aplicações fotónicas de silício feitas à medida [247]. As tecnologias híbridas de integração 3D (flip-chip ou microimpressão por transferência) prometem reduzir ainda mais a dimensão do conjunto à custa da utilização da área PIC (Figura) [248, 249], mas exigem uma colocação e ligação de elevada precisão.
A tabela resume o PPA e outras métricas para vários esquemas de integração. A eficiência da tomada de parede (WPE) da maioria dos lasers da banda C/L/O é apenas de cerca de 10%, uma métrica que necessita de uma investigação mais orientada para a melhoria. Com uma WPE semelhante, a perda de acoplamento entre o laser e o PIC pode ser considerada como um indicador do consumo de energia. Na integração híbrida 2,5D, um laser separado proporciona a flexibilidade de escolher o que tem a potência ótica necessária e a gestão

térmica é fácil. Para um maior controlo da potência, pode ser utilizado SiN no PIC. Existem meios de melhorar a largura de linha do laser em relação à largura de linha típica de um DFB e também de cancelar as reflexões para melhorar o isolamento [251-255]. As técnicas 3D com cavidade externa de Si ou SiN de Q elevado permitem reduzir a largura de linha até 1 Hz ou menos [251, 252], o que é mais do que suficiente para aplicações como a comunicação coerente101 e o LIDAR para automóveis. A integração híbrida também permite múltiplos comprimentos de onda. No entanto, os benefícios da integração híbrida em relação à escala para PICs LSI WDM > $8\lambda$ que necessitam de múltiplos lasers, elementos de ganho, etc., continuam por demonstrar exaustivamente.

**Quadro 3 Comparação de diferentes técnicas para ligar um laser a um PIC de silício em termos de métricas de PPA (a partir de 2023), custo, ensaios, estilo de embalagem e adequação às aplicações**

| Integração | Convencional (fibra-PIC) | Híbrido 2.5D (FSO) | Híbrido 2.5D (PWB) | Híbrido 3D (flip chip/ impressão por transferência) | Heterogéneo (Direto ligação/ impressão por transferência) | Monolítico (Hetero-epitaxia) |
|---|---|---|---|---|---|---|
| Acoplamento Perda | >2dB | >2dB | >2dB | IdB | IdB | alguns dB |
| Potência de saída | Elevado | Elevado | Elevado | Médio | Médio | Baixa |
| Pol. Ctrl, ou PMF | Necessário | Necessário | Não é necessário | Não é necessário | Não é necessário | Não é necessário |
| Térmica Gestão | Fácil | Fácil | Eiisy | Médio-Difícil | Difícil | Médio |
| Largura de linha Redução | N/A | Bom | Bom | Bom | Melhor | Bom |
| Montagem Tamanho Utiliza o PIC Área | Grande Não | Médio Não | Médio Não | Pequeno Sim | Mais pequeno Sim | Mais pequeno Sim |
| Custo | Montagem de laser, embalagem, acoplamento | Molde a laser, embalagem, acoplamento | Molde a laser, embalagem, acoplamento | Molde a laser, embalagem, acoplamento | Baixo para alto volume | Baixo" para volume elevado, sem substrato III-V |
| Teste | Morrer | Morrer Pastilha | Morrer Pastilha | Morrer Pastilha | Pastilha | Pastilha |
| Estilo de embalagem | Conhecido -bom peças | Conhecido -bom peças | Conhecido -bom peças | Conhecido -bom peças | al l-or- nada se não redundância | tudo-ou-nada se não redundância |
| Adequação para aplicações | Bespoke (aplicações, $\lambda$s), Volume baixo | À medida (aplicações, Como) | À medida (aplicações, Como) | À medida (aplicações, Como) | Elevado volume (RfcD) | Elevado (I&D significativa) |

Outra técnica comercialmente bem sucedida em HVM (>milhões/ano) tem sido a integração heterogénea, em que múltiplos materiais ou pilhas epitaxiais são processados em conjunto num chip de silício à escala de bolacha. Mais uma vez, foram adoptadas várias estratégias [253,254]. Estas incluem a ligação de pastilhas III-V ao Si com alinhamento grosseiro, seguida do pós-processamento da pastilha de Si para produzir lasers de poços quânticos (QW) (Figura). O isolamento térmico do meio de ganho pelo óxido enterrado (BOX) e o CTE desfasado devem ser cuidadosamente tratados para garantir o funcionamento a alta temperatura, a eficiência e a fiabilidade. A colocação de lasers redundantes ajuda a melhorar as taxas de falha no tempo (FIT). As vantagens da abordagem heterogénea incluem a perda de acoplamento sub-dB e um mecanismo para aproveitar a cavidade externa de baixa perda no silício para reduzir significativamente a largura de linha do laser utilizando o bloqueio por auto-injeção [255].

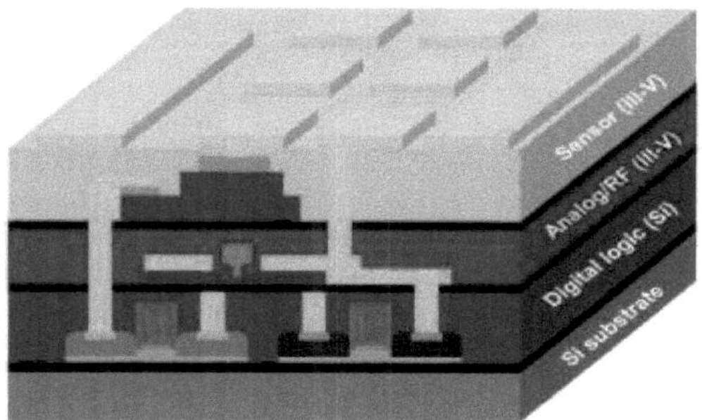

Outra abordagem a mais longo prazo, desejável para os lasers de pontos quânticos (QD), consiste em fazer crescer diretamente material de ganho epitaxial na pastilha de Si108. Devido ao seu menor fator de aumento da largura de linha, $\alpha H$, os lasers QD permitem uma menor largura de linha e uma menor sensibilidade às reflexões [257]. Têm também uma densidade de corrente de limiar mais baixa. A integração monolítica com recurso ao crescimento hetero-epitaxial (Figura), em que o substrato III-V nem sequer é necessário, continua a ser o objetivo final, com vários progressos recentes e outros por vir.

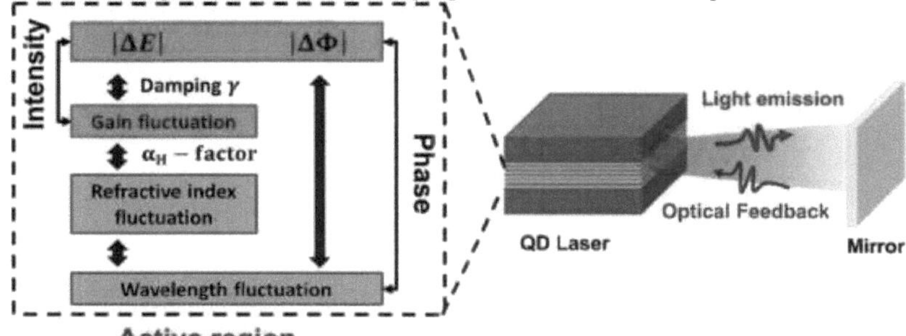


Várias fundições de silício fotónico estão a desenvolver soluções laser híbridas ou heterogéneas. Para efeitos de escalabilidade, as fundições favorecerão provavelmente uma tecnologia que se preste a suportar múltiplos comprimentos de onda, o que é crucial para várias aplicações LSI. É provável que o aumento de escala seja suportado em primeiro lugar pela ligação de múltiplos lasers de comprimento de onda único. Os lasers combinados [258], como os lasers passivos bloqueados por modo de semicondutor (SMLL) [259], estão a ser ativamente estudados por vários grupos de investigação. As matrizes DFB asseguram uma grande potência ótica de saída em cada comprimento de onda, ao passo que, nos SMLL, a potência é dividida entre os comprimentos de onda. A presença do absorvedor saturável reduz ainda mais a potência de saída total (e, por conseguinte, por comprimento de onda) das SMLL. No entanto, uma SMLL é significativamente mais pequena do que uma matriz DFB. A largura de linha dos SMLL passivos [259] é normalmente inferior à das matrizes DFB. Espera-se mais I&D para que os SMLL demonstrem maior potência, fiabilidade e tempo de vida na próxima década. Estes requisitos para aplicações DWDM são ainda mais rigorosos, e qualquer variação de temperatura cria diafonia entre canais [260, 261].

## 8.11. Foto-detectores de avalanche

A maior parte das aplicações fotónicas em silício são condicionadas pela potência de saída limitada e pelo WPE do laser, bem como pela elevada IL nos circuitos. Uma alternativa é melhorar a SNR na fase de deteção (Figura). Os APDs de baixa tensão que têm uma grande -3 dB O/E BW, uma elevada capacidade de resposta global [262] e simultaneamente um baixo ruído serão benéficos para a melhoria da relação sinal-ruído (SNR) do recetor [263, 264]. É importante notar que a capacidade de resposta global (em A/W) e o baixo ruído são cruciais. Um grande ganho de multiplicação para um APD que tem uma fraca capacidade de resposta intrínseca não conduz a um desempenho superior. Embora seja relativamente mais fácil de obter em APDs de Si a 850 nm [265], a otimização simultânea (com a mesma tensão de polarização) do ganho-BW-ruído continua a ser um desafio para APDs de Si/Ge de baixa tensão [266] ou APDs ressonantes de Si [267,268] nas bandas C/L/O. Em comparação com os PD Ge, os APD têm geralmente BW, linearidade e potência inferiores, o que limita a sua utilização em várias aplicações. Os APDs também precisam de ser polarizados de forma óptima e estabilizados em relação à temperatura e à variação de tensão, mas isso é menos difícil do que o que já foi demonstrado para os circuitos de microanéis [199].

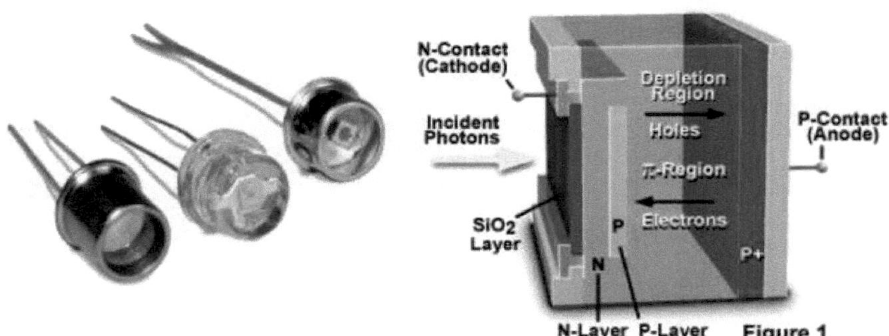


## 8.12. Atraso
Várias aplicações fotónicas de silício exigem centenas de picossegundos a nanossegundos de atraso. Exemplos disso são a fotónica de micro-ondas, os loops ópticos de bloqueio de fase (OPLL), os discriminadores de frequência (Figura), os circuitos de redução da largura da linha laser, os OPA, a tomografia de coerência ótica (OCT) e os giroscópios. Muitas destas aplicações exigem também uma sintonização em 10 s de picossegundos e um funcionamento em banda larga [269]. A concretização de um tal atraso em fotónica de silício com baixas perdas e pouca área tem sido um grande desafio [279]. Os dispositivos ressonantes proporcionam um atraso de banda estreita. As linhas de atraso de Si ou SiN são difíceis de afinar e requerem curvas estreitas que conduzem a perdas significativas por dispersão e radiação. Os guias de onda de cumeeira com gravação superficial ou os guias de onda ultrafinos quebram a compatibilidade com os processos de 220 nm. A modificação do processo de fabrico sem sacrificar o desempenho de outros componentes fotónicos continua a ser um desafio [280].

## 8.13. Interação entre a fotónica e a eletrónica
Os PICs de silício existem quase sempre em conjunto com os CIs electrónicos (EICs). Quando olhamos para os sistemas baseados em chips fotónicos, o panorama atual é quase 100% dominado pela comunicação de dados, e esperamos que esta situação se mantenha no futuro próximo. Neste contexto, os EIC têm dois objectivos (Figura):
-    Ativar as conversões E/O e O/E dos dados extremo-a-extremo.
-    Bias, controlo e compensação das variações de temperatura e de fabrico.
Assim, a fotónica serve a eletrónica, fornecendo as ligações de dados, e a eletrónica serve a fotónica, fornecendo o controlo e a leitura e o processamento digital de sinais (DSP). Uma das principais diferenças entre a fotónica e a eletrónica é que os fotões não interagem, pelo que são excelentes para a transmissão de informações, ao passo que os electrões interagem e repelem-se mutuamente, pelo que são bons interruptores e elementos de computação. Cada interruptor fotónico de silício requer, portanto, um interruptor eletrónico correspondente. No

conjunto, o número de transístores no EIC que deve acompanhar um LSI PIC é ordens de grandeza superior ao número de componentes do PIC. Aqui reside uma interação natural, uma vez que os transístores consomem muito menos energia em:
- comutação,
- proporcionar ganho (tanto linear como limitador), e
- que oferecem uma elevada precisão, sendo ao mesmo tempo ordens de grandeza mais pequenas do que os componentes fotónicos [272].
Por outro lado, os componentes fotónicos:
- permitem uma menor perda dependente da frequência quando se deslocam dados a uma distância maior, em comparação com o cobre,
- podem proporcionar uma latência mais baixa através de movimentos de dados assíncronos e sem repetidores, e
- facilitar o paralelismo de dados de muito alta velocidade num guia de ondas ótico (através de WDM).
Quando os dados já se encontram no domínio ótico, a comutação ou o processamento de sinais fotónicos podem tornar-se atractivos. A primeira é uma tecnologia amplamente implantada, enquanto a segunda ainda não passou da investigação ao produto para substituir a funcionalidade DSP. Assim, é bom estar ciente das respectivas virtudes das tecnologias PIC e EIC. Por exemplo, as despesas gerais de E/O e O/E do processamento de dados electrónicos no domínio fotónico devem ser cuidadosamente analisadas. Por outro lado, a fotónica de silício oferece oportunidades para reduzir os grandes sistemas ópticos e tornar realidade novas aplicações (como a deteção e a imagiologia) que a eletrónica não pode permitir por si só. Por último, a fotónica de silício funciona com uma onda portadora de centenas de THz, enquanto a eletrónica de silício está limitada a sub-THz. Estes atributos diferentes abrem oportunidades de co-design atractivas, como a conceção de relógios electrónicos com ruído de fase ultra-baixo [273].

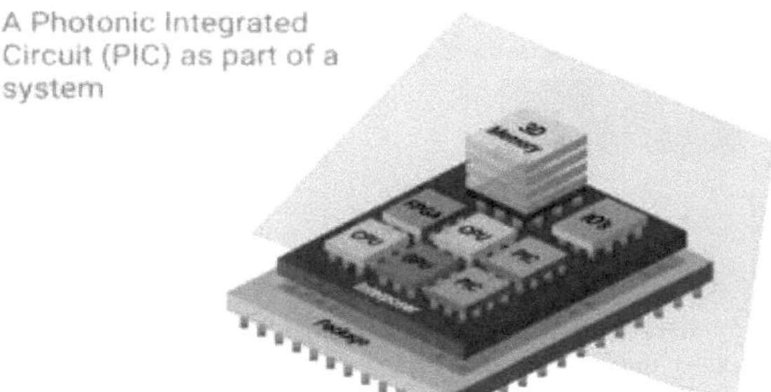


**Um circuito integrado fotónico (PIC) como parte de um sistema.**

## 8.14. Ecossistema de fotónica e eletrónica

É útil analisar brevemente o ecossistema da indústria eletrónica. A lei de Moore demonstra que o custo por componente diminui com cada geração de tecnologia CMOS, reduzindo as dimensões críticas dos transístores. Este escalonamento é possibilitado por um aumento exponencial, ao longo do tempo, da escala económica da indústria de semicondutores, o que permite à indústria pagar as fundições e o desenvolvimento de processos cada vez mais dispendiosos. As fundições permitem que muitos utilizadores tenham acesso a estes processos avançados, sem que cada um tenha de pagar para desenvolver o processo por si próprio. No extremo, as corridas MPW (multi-project wafer) que as fundições acolhem permitem que vários utilizadores partilhem os custos de uma única corrida de wafer para desenvolver produtos de forma rentável.
À medida que os processos amadurecem, os rendimentos aumentam e os custos diminuem. As fundições e os fornecedores de propriedade intelectual (PI) de terceiros disponibilizam um kit

de conceção de processos (PDK) e bibliotecas de PI de conceção, permitindo que os clientes construam circuitos electrónicos incrivelmente complexos e os façam bem à primeira. Ao basearem-se em dispositivos comprovados e em PI comprovada ao nível do circuito, os projectistas podem concentrar-se na integração do sistema no chip (SoC) sem nunca tocarem no nível do transístor em vários casos.

Uma vez fabricados os chips, existe um rico ecossistema de laboratórios de ensaio, fornecedores de serviços de embalagem, etc. A colagem de fios eléctricos (Figura) e a colagem de flip-chips (com saliências C4 e micro-saliências, Figura) são meios fiáveis e populares de acondicionamento, sendo que esta última proporciona mais saliências em vez de apenas ligações periféricas. Técnicas de acondicionamento mais avançadas (ver Figura), como a via através do silício (TSV), os interpositores sem TSV e a integração heterogénea, são utilizados para melhorar a integridade do sinal, a distribuição de energia e térmica e o rendimento da matriz, dividindo SoCs complexos e de grandes dimensões em chips-lets mais pequenos [274]. Uma vez que as FPGAs, GPUs e CPUs são produzidas em HVM, o custo global continua a diminuir, apesar das técnicas de embalagem complexas. No entanto, são tomadas decisões criteriosas em matéria de empacotamento para evitar uma complexidade desnecessária; geralmente, o melhor é o empacotamento mais simples e as técnicas avançadas de empacotamento (chip on wafer, empilhamento de chips, etc.) tendem a ser introduzidas apenas quando não é viável outra alternativa.

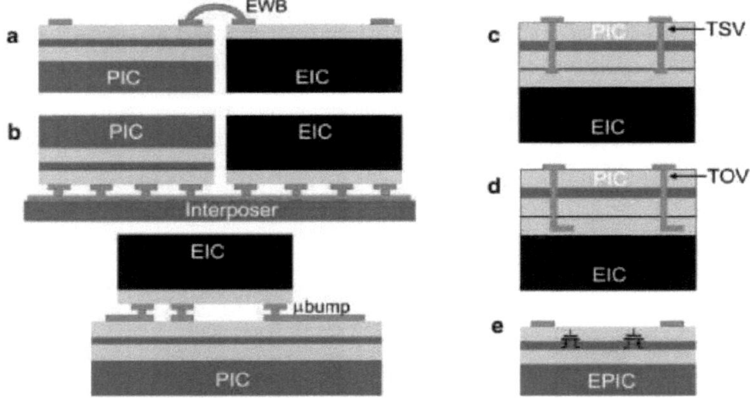


**Comparação de diferentes técnicas para ligar um PIC a um CI eletrónico (EIC).**
**(a)- Uma ligação eléctrica de fios (EWB) lado a lado.**
**(b)- 2.5D flip-chipados lado a lado ou empilhados.**
**(c)- Híbrido 3D TSV (Through-Silicon Via).**
**(d)- 3D heterogéneo com TOV (Through-Oxide Via).**
**(e)- CI fotónicos electrónicos monolíticos (EPIC).**

A indústria fotónica tem várias semelhanças, mas também muitas diferenças marcantes. Tal como na indústria eletrónica, o aumento do número de componentes fotónicos nem sempre tem a ver com a redução de custos, mas muitas vezes com o fornecimento de novas funcionalidades, melhor desempenho ou redução da área por componente. As execuções MPW estão agora disponíveis em muitas fundições, embora os PDK e as linguagens de abstração maduras estejam ainda numa fase muito incipiente. O suporte de IP de terceiros é praticamente inexistente até à data. As empresas isolam os processos PIC mais avançados para proteger o seu investimento e a sua PI (reminiscência das primeiras décadas da indústria CMOS, actuando como fabricantes virtuais de dispositivos integrados (IDMs), mantendo a diferenciação ao nível do processo e do PDK. Entretanto, a investigação académica centra-se principalmente na melhoria dos dispositivos.

As fundições fotónicas enfrentam um dilema significativo: os seus clientes exigem frequentemente que personalizem os seus processos, o que envolve uma grande quantidade de despesas de I&D e põe em risco a fiabilidade e o rendimento das bolachas finais. A solução para este problema é levar os clientes a utilizarem um processo normalizado, mas, para isso, os clientes têm de ver um valor significativo na estabilidade e num ecossistema de PDK e IP estabelecido; apenas alguns designers vêem o mundo desta forma, porque muitos dos membros da comunidade de design atual foram formados como pessoal de dispositivos, em vez de designers de SoC. A alteração dos parâmetros do processo parece muitas vezes a forma mais fácil de gerar uma diferenciação do desempenho, mas os custos a jusante dessas alterações podem ser muito elevados do ponto de vista da fiabilidade e da manutenção do processo. À medida que mais projectistas, habituados à ideia de PDKs estabelecidos, se formarem e entrarem no terreno, as alterações disruptivas do processo tornar-se-ão lentamente cada vez menos comuns; as fundições também se tornarão provavelmente cada vez mais resistentes a alterações do processo por parte dos clientes que não sejam justificadas por compromissos de compra substanciais.

O rendimento global dos produtos da fotónica de silício é ainda inferior ao dos seus homólogos electrónicos CMOS. Factores adicionais ao nível do processo, da conceção e do acondicionamento são responsáveis pela diferença: fabrico [275,276] e sensibilidade térmica, falta de componentes PDK robustos e de modelos que tenham em conta as variações e as incompatibilidades, metodologias de fluxo de conceção que ainda não dispõem de simulações hierárquicas, esquematização e verificação esquema versus esquema [277], modificações personalizadas do processo para componentes específicos, desafios com o crescimento epitaxial, integração Ge para foto-deteção, integração do laser (quer ao nível da matriz quer ao nível do acondicionamento), FIT laser e conetividade de fibras. Atualmente, apenas alguns produtos de fotónica de silício HVM são comercializados, o que obriga a fábrica a partilhar a produção com outros processos e a acrescentar outra fonte de impacto no rendimento.

## 8.15. Co-integração da fotónica e da eletrónica

A opção de integrar o PIC com o EIC existe desde o primeiro produto fotónico de silício comercialmente bem sucedido [277]. O desenvolvimento de um processo EPIC monolítico (Figura), partindo de um processo SOI CMOS (ou Bi-CMOS) e optimizando-o para aplicações fotónicas, foi demonstrado várias vezes [278-280] com êxito. Do ponto de vista da comercialização e do tempo de colocação no mercado, um EPIC monolítico "parece" ser frequentemente a tecnologia superior de eleição (Quadro). Os circuitos de alta velocidade, como os controladores e os TIA, podem ser colocados ao lado dos moduladores e dos PD, reduzindo os parasitas e o consumo de energia [281]. Os controladores (térmicos, de comprimento de onda) podem ser concebidos e colocados ao lado dos componentes fotónicos, sem necessidade de placas dedicadas. Para aplicações LSI, um EPIC monolítico pode simplificar significativamente a complexidade da embalagem. No entanto, quando a área da matriz é dominada pela fotónica, sendo os componentes fotónicos ordens de grandeza maiores do que os seus equivalentes electrónicos [272], o custo global da matriz pode aumentar significativamente sem que se possa argumentar que se utiliza plenamente os dispositivos CMOS. Esta análise tem de ser efectuada caso a caso para produtos individuais.

Matriz de fibras

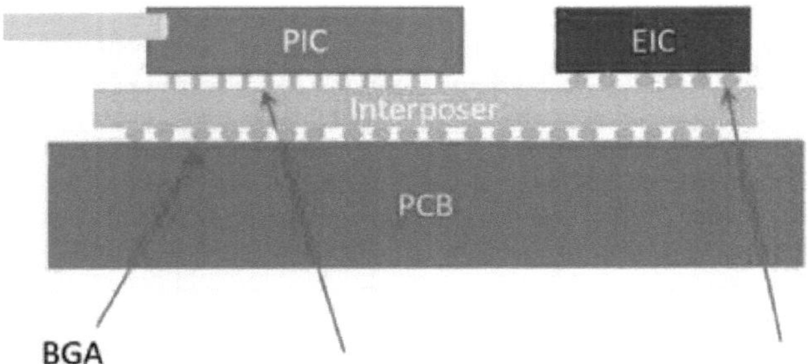


**Integração do PIC no EIC.**

**Quadro 4 Comparação de diferentes técnicas para ligar um PIC a um CI eletrónico (EIC) em termos de métricas de PPA (a partir de 2023), custo, possibilidades de ensaio, estilo de embalagem e adequação às aplicações**

| Tipo de embalagem IC | descrição | vantagens | desvantagens | aplicações comuns |
|---|---|---|---|---|
| Embalagem em linha de duas filas (DIP) | Um dos primeiros e mais comuns tipos de pacotes de pinos de duas fileiras | Ligar facilmente ao conetor de encaixe na placa de circuito impresso | Volumoso, com um número limitado de pinos, não é adequado para um design moderno | Aplicações antigas, circuitos simples |
| Dispositivos de montagem em superfície (SMD) | A superfície inferior pode ser soldada à almofada, poupando espaço | Tamanho de bolso, leve, adequado para montagem automatizada | Não adequado para aplicações de alta potência | Produtos electrónicos gerais, equipamentos de consumo |
| Matriz de grelha de esferas (BGA) | Existem bolas de solda na superfície inferior, de alto desempenho | Elevado número de pinos, excelente desempenho de dissipação de calor | A manutenção do trabalho é difícil e o fabrico é um desafio | Microprocessadores, placas gráficas, aplicações de alta velocidade |
| Sem cabeça plana quadrada (QFN) | Sem cabos expostos, almofadas metálicas na parte inferior, bom desempenho térmico | Tamanho de bolso, perfil baixo, melhores características térmicas | Difícil de verificar as juntas de solda, não adequado para alta potência | CI de gestão de energia, aplicação de radiofrequência |
| Sem cabeça plana dupla (DFN) | (DFN) Uma variante mais pequena do QFN com menos pinos | Tamanho de bolso, economizador de espaço, leve | Número limitado de pinos, trabalho de retoque difícil | Dispositivos móveis, pequenos produtos electrónicos |
| Embalagem à escala de chips (produção de energia solar térmica) | Extremamente compacto, próximo do tamanho de um IC | Máxima miniaturização, design economizador de espaço | O fabrico é um desafio e pode exigir uma placa de circuito impresso dedicada | Telemóveis inteligentes, dispositivos portáteis, aplicações com limitações de espaço |

Em princípio, os circuitos baseados em micro-anéis parecem ser muito atractivos para os processos EPIC monolíticos, até que seja desenvolvido o modulador da próxima geração com uma eficiência FoM superior. Mas, para concluir se fazem sentido numa dada aplicação específica, é necessária uma análise completa dos sistemas; os microanéis implicam uma sobrecarga de controlo considerável e compensações de desempenho, especialmente a velocidades muito elevadas. Se a aplicação exigir ADC/DAC de alta velocidade e, especialmente, DSP (Figura), deve também ser adicionado outro EIC fin-FET para poupar o consumo de energia, dado que o processo EPIC monolítico mais rápido atualmente em CMOS SOI de 45 nm é ainda várias gerações mais lento (em atraso de fan-out) do que os processos fin-FET. É improvável que a integração da fotónica diretamente em bolachas CMOS abaixo do nó de 45 nm ocorra nos próximos anos; tal não faz sentido do ponto de vista económico ou técnico num mundo em que a ligação "chip-on-wafer" entre PIC e microeletrónica à escala é comparativamente simples.

Foram também exploradas outras possibilidades para os EPIC. A adição de fotónica a um processo CMOS de geração mais antiga conduz a condutores e TIAs de alta potência e mais lentos, o que leva a piores concepções de transceptores e os torna pouco atractivos para os maiores clientes da fotónica de silício e das telecomunicações. No entanto, este processo é apelativo para os investigadores universitários, uma vez que abre oportunidades para co-desenhar e inovar novos circuitos EPIC [282, 283] a baixo custo e esforço de empacotamento. Por outro lado, estão em curso múltiplos esforços para integrar transístores nas mesmas bolachas que os dispositivos fotónicos de silício [284]. No entanto, até à data, esta integração tem implicado compromissos inaceitáveis para o desempenho da eletrónica bipolar.

Atualmente, a maioria dos transceptores fotónicos de silício na HVM baseia-se numa abordagem de integração 2,5D, em que o PIC e o(s) EIC(s) são concebidos, dimensionados, optimizados, testados nos seus melhores processos respectivos e, em seguida, colocados num substrato de interposição [285] (Figura, Tabela). O processo EIC pode ser escolhido de uma das muitas fundições CMOS/SiGe. Podem também ser inseridas múltiplas pastilhas EIC, por exemplo:

- um circuito integrado SiGe ou um circuito integrado CMOS escalonado com uma tensão de rutura razoavelmente elevada para permitir accionadores de alta oscilação e uma velocidade de comutação razoável para suportar os requisitos de velocidade de RF, e

- um avançado chip Fin-FET para DSP/ADC/DAC [286].

Um processo EIC com transístores mais rápidos pode mesmo compensar a capacitância parasita devido ao pad, ESD e encaminhamento adicionais (em comparação com uma solução EPIC monolítica). Para aplicações LSI em que a maioria dos componentes PIC requerem eletrónica a uma velocidade relativamente baixa (como o LIDAR), as soluções flip-chip parecem razoáveis [180]. No entanto, para aplicações LSI que necessitam de muitas linhas de acionamento/leitura de alta velocidade, uma solução flip-chip significa muitos traços de RF no interposítor, o que leva a considerações de complexidade e de diafonia. Em qualquer dos casos, o tamanho do PIC aumenta devido à necessidade de muitas saliências de E/S, embora com as tecnologias de micro-saliências e de pilares de cobre para realizar um pacote 2,5D empilhado com chip invertido [287,288] (Figura), estes aumentos sejam frequentemente negligenciáveis do ponto de vista comercial. Os parasitas e as interligações também são reduzidos em comparação com os seus homólogos lado a lado. Nalguns casos, pode considerar-se uma integração híbrida em 3D, em que o EIC é integrado no chip PIC (maior) e utiliza técnicas avançadas, como TSV ou vias através de óxido (TOV) (figura, quadro). As linhas RF ainda precisam de ser encaminhadas do pequeno EIC para vários locais no PIC, o que continua a ser um desafio. Está também a ser estudada uma integração 3D heterogénea WoW, em que a bolacha fotónica é invertida e ligada verticalmente à bolacha CMOS através de ligações de óxido, o cabo de silício da bolacha fotónica é removido e são formadas TOV na interface das bolachas [289,290]; esperam-se mais melhorias no desempenho dos componentes fotónicos numa tal tecnologia de integração (figura, quadro). Uma possibilidade é a utilização de múltiplos EICs integrados em 3D no PIC.

V De um modo geral, a aplicação, as especificações de desempenho e o volume de envios (que afectam o custo) decidirão se a escolha certa é um EPIC monolítico mais caro com uma embalagem mais simples, uma integração 2,5D multi-chip com uma embalagem mais complexa ou uma integração 3D com um processamento/embalagem mais complexos (quadro). Esperamos que todos estes cenários coexistam, tal como no ecossistema eletrónico.

## 8.16. Fotónica de silício: perspetiva de aplicações

Foram apresentados os principais obstáculos técnicos que impedem o êxito de várias aplicações de fotónica de silício (quadro), relacionando-os com alguns dos desafios e oportunidades discutidos nas secções anteriores. Limitamos os impedimentos apenas à tecnologia PIC/EIC, excluindo factores económicos, regulamentares, de mercado e outros, como a química, os biomarcadores, a vantagem quântica, etc. Também não nos debruçamos sobre as vantagens da fotónica de silício para estas aplicações, uma vez que a maioria dos trabalhos anteriores as descreve em pormenor.

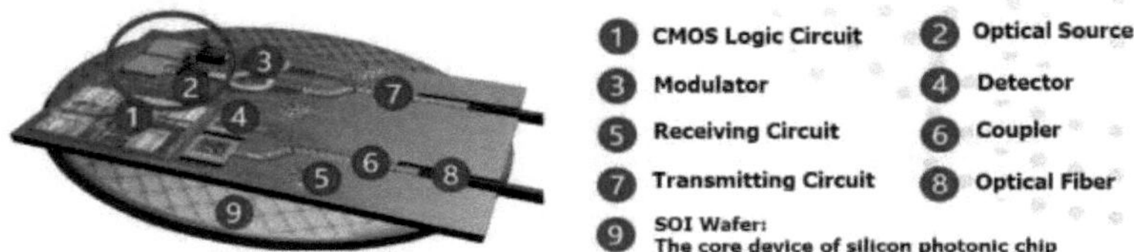


**Fotónica de silício: perspetiva de aplicações**

Para que os transceptores IMDD (XVRs) melhorem ainda mais a sua eficiência energética (pJ/b) e se adaptem a débitos de dados mais elevados, é necessário reduzir ainda mais a eficiência FoM do modulador e melhorar a E/O BW de -3 dB para 100 GHz. Melhorar o WPE dos lasers é essencial para a maioria das aplicações, mas especialmente crucial para as aplicações de comunicação e computação. São também necessárias fontes de luz eficientes de múltiplos comprimentos de onda com uma potência adequadamente grande em cada comprimento de onda. Os APDs de baixo ruído e grande largura de banda de ganho nas bandas O/L/C poderiam proporcionar uma melhoria da SNR sem penalização significativa do consumo de energia, mas historicamente as suas características de largura de banda, linearidade, ruído e manuseamento de potência têm impedido a sua utilização nas larguras de banda mais elevadas. Finalmente, a amplificação de sinais PD utilizando TIAs de alto ganho e baixo ruído continua a ser um desafio crucial. Várias técnicas baseadas em equalização foram recentemente demonstradas para limitar o ruído usando TIAs de baixa largura de banda [291], mas a maioria opera na suposição de que o relógio do recetor está disponível.

Para que os transceptores coerentes sejam competitivos nos centros de dados, é necessário resolver desafios adicionais (em comparação com o IMDD). Os requisitos de linearidade para os TIA e os controladores são mais rigorosos [292], e a dependência do DSP, que consome muita energia, tem de ser reduzida tanto quanto possível. Uma estratégia que está a ser explorada pelos investigadores é a transferência de algumas tarefas de processamento de sinais para o domínio ótico [293, 294], tirando partido da fotónica integrada e dos circuitos electrónicos analógicos. Este último exige um esforço significativo de co-conceção eletrónica-fotónica, abrindo várias oportunidades para os conceptores de CMOS aproveitarem os conhecimentos especializados dos circuitos integrados de sinal misto e de RF.

Os comutadores de rede de elevado débito para os mercados de curto e longo curso exigem que os comutadores de fase tenham uma excelente eficiência de FoM para permitir grandes tecidos. A comutação deve incorrer em baixo consumo de energia, baixa perda e demonstrar um grande rácio de extinção. Para aplicações que permitem velocidades de comutação mais lentas, os aquecedores metálicos isolados em comutadores interferométricos são atualmente a escolha popular de implementação [295], mas tecnologias como MEMS/NOEMS parecem promissoras. É necessária uma demonstração e fiabilidade a longo prazo em tecidos de grande escala co-integrados com eletrónica e embalados com E/S ópticas. As considerações relativas à diversidade de polarização e ao comprimento de onda complicam ainda mais as considerações relativas à escala e ao acondicionamento. As aplicações que exigem uma comutação rápida são ainda mais difíceis, uma vez que os moduladores de alta velocidade com uma eficiência FoM comparativamente inferior deterioram ainda mais o IL e o rácio de extinção. Independentemente dos requisitos de velocidade de comutação, as perdas inerentes a grandes tecidos de comutação requerem amplificação ótica, o que exige a integração de SOAs, idealmente não arrefecidos, por questões de eficiência energética.

As aplicações práticas de comunicação e computação quânticas exigem componentes fotónicos LSI-VLSI com controladores CMOS avançados. Para a distribuição de chaves quânticas discreto-variáveis (QKD) à escala da pastilha, os principais requisitos são a leitura fotónica/eletrónica criocompatível e o controlo de matrizes de detectores de fóton único (SPD) de nanofios supercondutores; o desenvolvimento de crio-moduladores de baixa perda e baixa potência e de mux/demux WDM criocompatíveis; e a integração de matrizes de fontes de fóton único (SPS) no transmissor numa solução fotónica-eletrónica à escala da pastilha com baixo ruído e baixa diafonia. Os SPDs de nanofios supercondutores funcionam em comprimentos de onda de telecomunicações, facilitando a utilização de fibras ópticas existentes como canal quântico. Para além da paralelização maciça, a redução da perda no recetor e a melhoria do desempenho do SPD ajudarão a aumentar a taxa de transmissão [296]. Para as aplicações de computação quântica, os desafios são semelhantes, mas exigem uma escalabilidade muito maior do controlo/leitura de qubits, incluindo a fotónica e a eletrónica de controlo de baixa latência [297]. A qualidade dos qubits é, evidentemente, fundamental. A escalabilidade do controlo/leitura degrada-se com a IL - cada fotão perdido degrada a capacidade do sistema quântico de forma exponencial. Por conseguinte, são necessários acopladores de perda ultra-baixa para a ligação ao PIC.

A computação fotónica envolve a computação analógica e o processamento de informações no domínio fotónico. Para tal, é necessário lidar com a sinalização multinível [298] e aumentar a precisão do controlo de peso [299] para garantir uma SNR elevada. Estas melhorias são cruciais para alcançar uma precisão comparável à dos actuais motores de computação CMOS EIC. Outro desafio é o acesso à memória de alta velocidade para evitar um estrangulamento da memória, especialmente para activações e tarefas que não são estacionárias em termos de peso. A computação fotónica utiliza um paralelismo elevado, pelo que é essencial reduzir a IL dos dispositivos passivos e activos (moduladores, deslocadores de fase) e aumentar a potência de saída dos lasers de vários comprimentos de onda para acomodar redes de maiores dimensões. Além disso, no caso das redes neuronais, a implementação eficiente de não linearidades programáveis constitui um obstáculo significativo.

**Computação fotónica à velocidade da luz.**

Para a condução automóvel, os LIDAR de fotónica de silício estão a posicionar-se como um concorrente de estado sólido dos LIDAR de tempo de voo (ToF) que utilizam varrimento mecânico ou baseado em MEMS. Os LIDARs consistem em dois subsistemas - alcance e direção do feixe, podendo ambos utilizar a fotónica de silício. O ToF e o CW modulado em frequência (FMCW) são técnicas de alcance. O FMCW oferece as vantagens de:
- detetar coerentemente sinais até alguns fotões,
- robustez à interferência de fontes ambientais, e
- medição simultânea da distância e da velocidade.

Todos os componentes necessários para a deteção coerente podem ser integrados numa única pastilha. Para a direção do feixe, existem duas possibilidades integradas:
- Matrizes de fase ótica (OPA), baseadas em gradientes e desvios de fase contínuos sintonizáveis [180]. As soluções ópticas a granel, como os espelhos giratórios e os espelhos

oscilantes, têm a vantagem de serem baratas, maduras e simples; a substituição dessas soluções por um OPA no chip será um desafio significativo. Para que um OPA emita um único feixe, as antenas de grelha têm de estar espaçadas menos de meio comprimento de onda (no espaço livre) - uma proposta difícil para a direção de feixes 2D num chip de silício. Por conseguinte, os OPAs fotónicos de silício têm normalmente grelhas dispostas para a orientação do feixe em 1D e o comprimento de onda do laser é varrido para orientar o feixe na outra direção.

-    Matrizes de plano focal (FPA) baseadas em redes de comutação e acopladores de grelha integrados na pastilha [227]. Estas incluem FPAs 2D, utilizando comutadores MEMS ou FPA 1D com direção do comprimento de onda. Independentemente da solução, são importantes e necessários para o direcionamento do feixe os deslocadores de fase de baixa potência (10s de nW) e de eficiência FoM melhorada. Os lasers melhorados são o próximo desafio. Para OPAs ou FPAs 1D, os lasers multi-comprimento de onda podem facilitar a sintonização do comprimento de onda. Para a desmodulação FMCW, são cruciais os lasers de largura de linha estreita (< 100 kHz) continuamente sintonizáveis (de preferência sem saltos de modo). O terceiro desafio é o escalonamento e o empacotamento. É necessário dimensionar a fotónica e a eletrónica para muitos emissores e deslocadores de fase e integrar um atraso considerável [269-272] (Figura) para o laser e um DSP complexo.

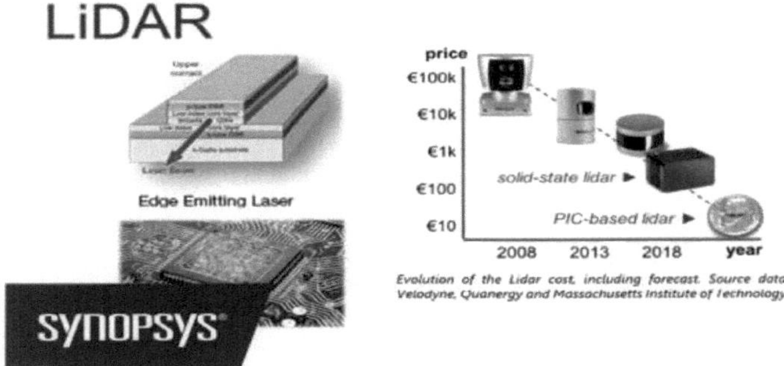



**LIDARs de fotónica de silício.**

As aplicações em fotónica de micro-ondas, como os filtros e os osciladores de baixo ruído de fase, apresentam desafios diferentes da maioria das outras aplicações discutidas até agora. A especificação da gama dinâmica sem espúrios (SFDR) para a filtragem de micro-ondas é bastante difícil de realizar na atual geração de fotónica de silício. É necessária uma linearidade rigorosa do modulador e do PD e, ao mesmo tempo, várias fontes de ruído (laser, PD, TIA) têm de ser minimizadas [300]. O objetivo de obter um ganho líquido de RF complica ainda mais o projeto. A implementação de osciladores de micro-ondas assistidos por laser através de fotónica de silício com ruído de fase superior ao dos equivalentes apenas em CMOS também requer a minimização do ruído do laser, do PD e do TIA [271]. É também necessária uma excelente estabilidade a curto e longo prazo.

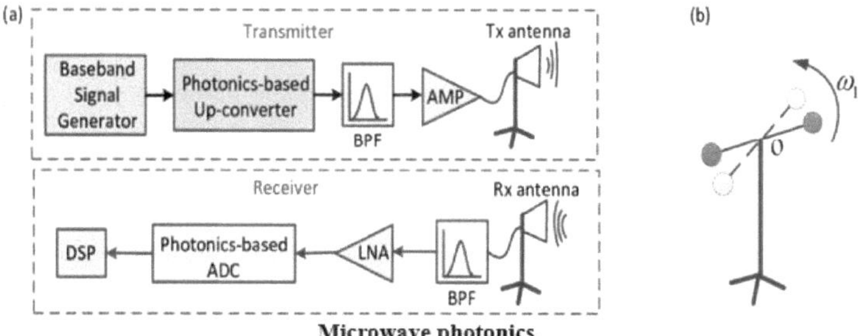

**Microwave photonics.**
**Fotónica de micro-ondas.**

A fotónica de silício promete giroscópios compactos e de baixo custo [301]. Mas, para competir com os seus homólogos baseados em fibra ótica em termos de desempenho, os giroscópios em fotónica de silício que utilizam o efeito Sagnac têm de demonstrar perdas ultra-baixas nos guias de ondas (imitando uma fibra ótica), redução do desvio de polarização devido a reflexões em condições extremas de vibração e mudança de temperatura (para não mascarar a mudança de fase de Sagnac) e baixo ruído para uma sensibilidade elevada. A engenharia de guias de onda de SiN reduziu a perda para 0,5 dB/m [261], mas são necessárias mais melhorias. As retro-reflexões devem ser eliminadas tanto no chip como fora dele, para o que devem ser implementados de forma fiável isoladores no chip, circuitos de cancelamento de reflexão ou bloqueio por auto-injeção. Uma vez que um giroscópio não requer uma implementação LSI nem moduladores de alta velocidade, é uma aplicação personalizada promissora que pode ser realizada com êxito se os desafios acima mencionados forem resolvidos. A robustez à vibração também exige uma implementação heterogénea cujos desafios têm de ser resolvidos para a HVM.

Os espectrómetros fotónicos de silício para aplicações de bio-sensores requerem frequentemente um comprimento de onda operacional incompatível com as bandas C/L/O [302]. Este torna-se o maior obstáculo, uma vez que têm de ser concebidos, testados e caracterizados novos guias de onda (em vez dos 220 nm padrão) e outros componentes fotónicos [303]. Os lasers são também um desafio, e a necessidade de uma ampla sintonização do comprimento de onda ou de lasers com vários comprimentos de onda nestes comprimentos de onda não normalizados coloca grandes dificuldades. Por último, a estabilidade e a reprodutibilidade das medições são cruciais para as aplicações de bio-sensores, e o desempenho do PIC e do laser tem de ser mantido apesar das variações ambientais.

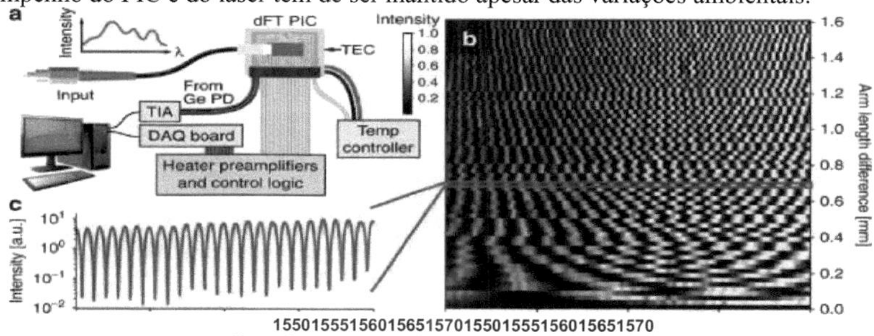

Comprimento de ondaComprimento de onda   [nm]

**Espectrómetros fotónicos de silício para aplicações de bio-sensores.**

Os requisitos de estabilidade e replicabilidade dos biossensores de campo evanescente são ainda mais rigorosos, uma vez que uma medição invasiva do sangue ou de outro fluido corporal aumenta a expetativa de confiança do utilizador. O limite de deteção do sistema depende não só da resposta do ressoador à temperatura, ao ruído laser, ao ruído PD e TIA,

97

mas também do ruído induzido pelo fluxo fluídico, pela vibração mecânica e pelo ruído biológico. Após a etapa de abertura do óxido, a funcionalização da superfície do ressoador depende significativamente da conceção e da afinidade do guia de ondas [304]. A embalagem e a integração do biossensor conduzem ao próximo conjunto de desafios. As máquinas de bancada utilizam um laser sintonizável dispendioso e nano-posicionadores, mas um PIC passivo simples para a biossensorização26. Por outro lado, os dispositivos para utilização no local de prestação de cuidados devem ser compactos, baratos e funcionar com um laser sintonizável de baixo custo ou um laser de comprimento de onda fixo integrado com o resto do PIC, EIC e fluidos [305,306].

Os actuais protótipos de OCT de fonte varrida de fotónica de silício para imagiologia da retina apresentam uma sensibilidade reduzida [307]. Em primeiro lugar, funcionam na banda O ou C, enquanto a OCT oftalmológica é preferida a 1050 nm para uma penetração mais profunda no tecido. A passagem para 1050 nm exigiria PIC com base em SiN e uma fonte de laser sintonizável nesse comprimento de onda. A minimização das reflexões internas e a melhoria do isolamento aumentariam a sensibilidade. O impedimento seguinte é a gama de sintonização e a taxa de varrimento limitadas da fonte laser, o que diminui a taxa de aquisição de imagens. Finalmente, a potência do laser não pode ser demasiado elevada devido às limitações de segurança do laser. Isto, por sua vez, exige uma ligação quase sem perdas entre o PIC e a ótica de imagem.

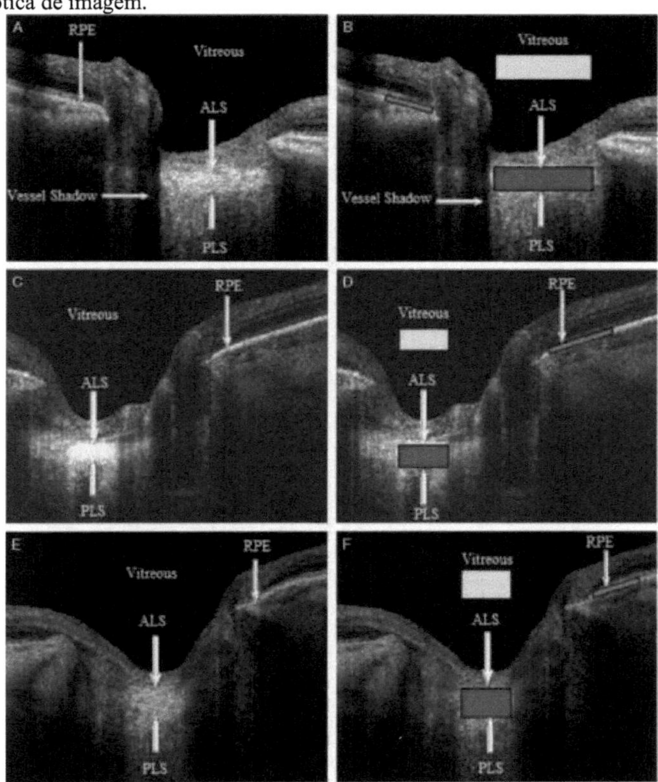



**OCT de fonte varrida atual da fotónica de silício.**

# Capítulo 9

# Referências


[1] . Chai Yeh (2 de dezembro de 2012). Fotónica Aplicada. Elsevier. pp. 1-. ISBN 978-0-08-049926-0.

[2] . Richard S. Quimby (14 de abril de 2006). Fotónica e Lasers: Uma Introdução. John Wiley & Sons. ISBN 978-0-471-79158-4.

[3] . Campbell, John W. (1991). "14 de dezembro de 1954". Em Chapdelaine, Perry A. (ed.). As Cartas de John W. Campbell com Isaac Asimov e A.E. van Vogt, Volume II. AC Projects, Inc. ISBN 9780931150197.

[4] . Nanoestruturas Fotónicas Responsivas: Smart Nanoscale Optical Materials, Editor: Yadong Yin RSC Cambridge 2013 https://pubs.rsc.org/en/content/ebook/978-1-84973-653-4 Optics.org. "Ótica ou fotónica: o que há num nome?". Optics.org.

[6] . "Rato do mar promete futuro brilhante". BBC News. 2001-01-03. Recuperado em 2013-05-05. Arquivado em Ghostarchive e no Máquina Wayback: - YouTube

[7] . Hervé Rigneault; Jean-Michel Lourtioz; Claude Delalande; Ariel Levenson (5 de janeiro de 2010). Nanofotónica. John Wiley & Sons. pp. 5-. ISBN 978-0-470-39459-5.

[8] . Al-Tarawni, Musab A. M. (outubro de 2017). "Melhoria do sensor de campo elétrico integrado baseado em guia de onda de slot segmentado híbrido". Engenharia Ótica. 56 (10): 107105.

[9] . Ivan Kaminow; Tingye Li; Alan E Willner (3 de maio de 2013). Optical Fiber Telecommunications Volume VIA: Components and Subsystems (Telecomunicações por fibra ótica Volume VIA: Componentes e subsistemas). Imprensa Académica. ISBN 978-0-12-397235-4.

[10]. Chang, Frank (2018). Tecnologias de conetividade de datacenter: Princípios e práticas. Editora River. ISBN 978-87-93609-22-8.

[11]. Lorenz, Björn; Wichmann, Christina; Stöckel, Stephan; Rösch, Petra; Popp, Jürgen (maio de 2017). "Investigações espectroscópicas Raman sem cultivo de bactérias". Tendências em Microbiologia. 25 (5): 413-424. ISSN 1878-4380.

[12]. Wichmann, Christina; Chhallani, Mehul; Bocklitz, Thomas; Rösch, Petra; Popp, Jürgen (5 de novembro de 2019). "Simulação de transporte e armazenamento e sua influência nos espectros Raman de bactérias". Química Analítica. 91 (21): 13688-13694. ISSN 1520-6882.

[13]. Taubert, Martin; Stöckel, Stephan; Geesink, Patricia; Girnus, Sophie; Jehmlich, Nico; von Bergen, Martin; Rösch, Petra; Popp, Jürgen; Küsel, Kirsten (janeiro de 2018). "Rastreando micróbios ativos de águas subterrâneas com rotulagem D2O para entender sua função de ecossistema". Microbiologia Ambiental. 20 (1): 369-384. ISSN 1462-2920.

[14]. Soffer, B. H.; McFarland, B. B. (1967-05-15). "Lasers de corante orgânico de banda estreita continuamente sintonizáveis". Applied Physics Letters. Publicação AIP. 10 (10): 266-267.

[15]. Dunn, Bruce S.; Mackenzie, John D.; Zink, Jeffrey I.; Stafsudd, Oscar M. (1990-11-01). Mackenzie, John D.; Ulrich, Donald R. (eds.). Lasers sintonizáveis de estado sólido baseados em materiais sol-gel dopados com corantes. Actas da SPIE. Vol. 1328. SPIE. pp. 174-182.

[16]. Duarte, F. J.; James, R. O. (2003-11-01). "Lasers de estado sólido sintonizáveis incorporando meios de ganho de nanopartículas poliméricas dopadas com corantes". Optics Letters. The Optical Society. 28 (21): 2088-2090. ISSN 0146-9592.

[17]. Popov S, Vasileva E (2018). "Lasers de corante orgânico compactos e miniaturizados: do vidro ao meio de ganho de base biológica". Em Duarte FJ (ed.). Lasers orgânicos e fotónica orgânica. Londres: Instituto de Física. pp. 10-1 a 10-27. ISBN 978-0-7503-1570-8.

[18]. Escribano, Purificación; Julián-López, Beatriz; Planelles-Aragó, José; Cordoncillo, Eloisa; Viana, Bruno; Sanchez, Clément (2008). "Propriedades fotónicas e nanobiofotónicas

de materiais híbridos orgânicos-inorgânicos luminescentes dopados com lantanídeos". J. Mater. Chem.
Sociedade Real de Química (RSC). 18 (1): 23-40. ISSN 0959-9428.
[19]. Dolgaleva, Ksenia; Boyd, Robert W. (2012-03-13). "Efeitos de campo local em materiais fotónicos nanoestruturados". Avanços em Ótica e Fotónica. A Sociedade Ótica. 4 (1): 1-77.
[20]. Samuel, I. D. W.; Turnbull, G. A. (2007). "Lasers de Semicondutores Orgânicos". Chemical Reviews. Sociedade Americana de Química (ACS). 107 (4): 1272-1295. ISSN 0009-2665.
[21]. Karnutsch, Low Threshold Organic Thin Film Laser Devices (Cuvillier, Göttingen, 2007).
[22]. BBC News Scotland, Uma visão das tecnologias em evolução 30 de agosto de 2007, 13:06 GMT
[23]. "Yuan Type 039B SSP". GlobalSecurity.org. Recuperado em 2020-05-01.
[24]. "Novos sistemas optrónicos para o SNA americano". Optronique & Défense. Arquivado do original em 2021-05-17. Recuperado em 2020-03-01.
[25]. "Os últimos submarinos russos estão a ser equipados com mastros electro-ópticos não penetrantes". Reconhecimento da Marinha - Revista Online da Indústria de Defesa Naval. 2017-01-18.
Recuperado em 2020-05-01.
[26]. "O Vice-Ministro da Defesa da Rússia visita a empresa Concern CSRI Elektropribor, JSC". Ministério da Defesa da Rússia. 2017-11-28. Recuperado em 2020-05-01.
[27]. "Complexo de periscópio unificado Parus-98E". Elektropribor. Recuperado em 2020-05-01.
[28]. Como funcionarão os mastros fotónicos
[29]. "Folha de dados da Marinha dos EUA:       Submarinos de ataque - SSN". A Marinha dos EUA. 2007-11-13.
Recuperado em 2008-05-15.
[30]. Zhang, Fangzheng; Guo, Qingshui; Pan, Shilong (2017-10-23).
"Geração e processamento em tempo real de resolução de gama ultra-alta baseada em fotónica". Relatórios Científicos. 7 (1): 13848. ISSN 2045-2322.
[31]. https://www.indiandefensenews.in/2022/11/drdo-advancing-photonic-radar.html
[32]. Majumdar, Dave (2018-08-11).
"O próximo caça da Rússia pode ter uma nova forma de abater     F-22s e F-35s".
O interesse nacional. Recuperado em 2018-08-12.
[33]. "O caça de 6ª geração da Rússia vai receber lasers capazes de queimar a cabeça de mísseis". TASS (em russo). Recuperado em 2018-08-12.
[34]. Irving, Michael (2022-02-08).
"Radar fotónico avançado capta imagens até à escala centimétrica". Novo Atlas. Recuperado em 2022-02-10.
[35]. Soref, Richard A.; Lorenzo, Joseph P. (1986).
"Componentes de onda guiada activos e passivos totalmente em silício para lambda=1,3 e 1,6 microns". IEEE Journal of Quantum Electronics. 22 (6): 873-879. Arquivado do original em 2 de dezembro de 2020. Recuperado em 2 de julho de 2019.
[36]. Jalali, Bahram; Fathpour, Sasan (2006). "Fotónica de silício".
Journal of Light-wave Technology. 24 (12): 4600-4615.
[37]. Almeida, V. R.; Barrios, C. A.; Panepucci, R. R.; Lipson, M (2004).
"Controlo totalmente ótico da luz num chip de silício". Nature. 431 (7012): 1081-1084.
[38]. Fotónica de silício. Springer. 2004. ISBN 3-540-21022-9.
[39]. Fotónica de silício: uma introdução. John Wiley and Sons. 2004. ISBN 0-470-87034-6.
[40]. Lipson, Michal (2005).
"Orientação, modulação e emissão de luz em silício - desafios e oportunidades". Journal of

Light-wave Technology. 23 (12): 4222-4238.
[41]. "Nanofotónica integrada de silício". IBM Research. Arquivado do original em 9 de agosto de 2009. Recuperado em 14 de julho de 2009.
[42]. "Fotónica de silício". Intel. Arquivado do original em 28 de junho de 2009. Recuperado em 14 de julho de 2009.
[43]. SPIE (5 de março de 2015).
"Apresentação plenária de Yurii A. Vlasov: Nanofotónica integrada de silício: From Fundamental Science to Manufacturable Technology".
Sala de Imprensa da SPIE. doi:10.1117/2.3201503.15.
[44]. Dekker, R; Usechak, N; Först, M; Driessen, A (2008).
"Processos totalmente ópticos não lineares ultra-rápidos em guias de onda de silício-sobre-isolador".
Jornal de Física D. 40 (14): R249-R271.
[45]. Butcher, Paul N.; Cotter, David (1991). Os elementos da ótica não linear.
Cambridge University Press. ISBN 0-521-42424-0.
[46]. Talebi Fard, Sahba; Grist, Samantha M.; Donzella, Valentina; Schmidt, Shon A.; Flueckiger, Jonas; Wang, Xu; Shi, Wei; Millspaugh, Andrew; Webb, Mitchell; Ratner, Daniel M.; Cheung, Karen C.; Chrostowski, Lukas (2013). "Biossensores fotónicos de silício sem rótulos para utilização em diagnósticos clínicos". Em Kubby, Joel; Reed, Graham T (eds.). Silicon Photonics VIII.Vol. 8629.p. 862909. doi: 10.1117 / 12.2005832. S2CID 123382866.
[47]. Donzella, Valentina; Sherwali, Ahmed; Flueckiger, Jonas; Grist, Samantha M.; Fard, Sahba Talebi; Chrostowski, Lukas (2015).
"Conceção e fabrico de micro-anéis ressonadores SOI baseados em guias de onda sub-ondas".
Optics Express. 23 (4): 4791-80.
[48]. Hsieh, I.-Wei; Chen, Xiaogang; Dadap, Jerry I.; Panoiu, Nicolae C.; Osgood, Richard M.; McNab, Sharee J.; Vlasov, Yurii A. (2006).
"Dispersão de 3ª ordem de modulação autofásica de pulsos ultrarrápidos em ondas de fio fotónico de Si guias". Optics Express. 14 (25): 12380-12387.
[49]. Zhang, Jidong; Lin, Qiang; Piredda, Giovanni; Boyd, Robert W.; Agrawal, Govind P.; Fauchet, Philippe M. (2007). "Solitões ópticos num guia de ondas de silício".
Optics Express. 15 (12): 76827688.
[50]. Ding, W.; Benton, C.; Gorbach, A. V.; Wadsworth, W. J.; Knight, J. C.; Skryabin, D. V.;
Gnan, M.; Sorrel, M.; de la Rue, R. M. (2008).
"Solitões e alargamento espetral em fios fotónicos longos de silício sobre isolador".
Optics Express. 16 (5): 3310-3319.
[51]. Soref, Richard A.; Bennett, Brian R. (1987). "Efeitos electro-ópticos no silício".
IEEE Journal of Quantum Electronics. 23 (1): 123-129. Arquivado em 2 de dezembro de 2020. Recuperado em 2 de julho de 2019.
[52]. Barrios, C.A.; Almeida, V.R.; Panepucci, R.; Lipson, M. (2003).
"Dispositivo de guia de onda de tamanho submicrómetro de modulação eletro-ótica de silício sobre isolador". Journal of Lightwave Technology. 21 (10): 2332-2339.
[53]. Liu, Ansheng; Liao, Ling; Rubin, Doron; Nguyen, Hat; Ciftcioglu, Berkehan; Chetrit, Yoel; Izhaky, Nahum; Paniccia, Mario (2007).
"Modulação ótica de alta velocidade baseada na depleção de portadores num guia de ondas de silício".
Optics Express. 15 (2): 660-668.
[54]. Chen, Long; Preston, Kyle; Manipatruni, Sasikanth; Lipson, Michal (2009).
"Interligação integrada de GHz Si-photonic com moduladores e detectores à escala micrométrica". Optics Express. 17 (17): 15248-15256.
[55]. Vance, Ashlee. "A Intel aumenta o jogo chip-a-chip da próxima geração". O Registo. Arquivado do original em 4 de outubro de 2012. Recuperado em 26 de julho de 2009.

[56]. Shainline, J. M.; Orcutt, J. S.; Wade, M. T.; Nammari, K.; Moss, B.; Georgas, M.; Sun, C.; Ram, R. J.; Stojanovic, V.; Popovic, M. A. (2013). "Modulador ótico de plasma portador de modo de depleção em CMOS avançado de mudança zero". Optics Letters. 38 (15): 2657-2659.

[57]. "Um grande avanço na si-fotónica pode permitir um crescimento exponencial dos microprocessadores". KurzweilAI. 8 de outubro de 2013. Arquivado do original em 8 de outubro de 2013. Recuperado em 8 de outubro de 2013.

[58]. Shainline, J. M.; Orcutt, J. S.; Wade, M. T.; Nammari, K.; Tehar-Zahav, O.; Sternberg, Z.; Meade, R.; Ram, R. J.; Stojanovic, V.; Popovic, M. A. (2013). "Moduladores ópticos de polissilício em modo de depleção em um processo de semicondutor de óxido metálico complementar em massa". Optics Letters. 38 (15): 2729-2731.

[59]. Kucharski, D.; et al. (2010). "Recetor ótico de 10 Gb / s 15mW com fotodetector de germânio integrado e indutor híbrido com pico de tecnologia SOI CMOS de 0,13μm". Resumo da Conferência de Circuitos de Estado Sólido de Documentos Técnicos (ISSCC): 360-361.

[60]. Gunn, Cary; Masini, Gianlorenzo; Witzens, J.; Capellini, G. (2006). "Fotónica CMOS utilizando fotodetectores de germânio". Transacções ECS. 3 (7): 17-24.

[61]. Vivien, Laurent; Rouvière, Mathieu; Fédéli, Jean-Marc; Marris-Morini, Delphine; Damlencourt, Jean François; Mangeney, Juliette; Crozat, Paul; El Melhaoui, Loubna; Cassan, Eric; Le Roux, Xavier; Pascal, Daniel; Laval, Suzanne (2007). "Guia de micro-ondas de silício-sobre-isolador de germânio de alta velocidade e alta responsividade". Optics Express. 15 (15): 9843-9848.

[62]. Kang, Yimin; Liu, Han-Din; Morse, Mike; Paniccia, Mario J.; Zadka, Moshe; Litski, Stas; Sarid, Gadi; Pauchard, Alexandre; Kuo, Ying-Hao; Chen, Hui-Wen; Zaoui, Wissem Sfar; Bowers, John E.; Beling, Andreas; McIntosh, Dion C.; Zheng, Xiaoguang; Campbell, Joe C. (2008). "Fotodíodos de avalanche monolíticos de germânio/silício com produto de largura de banda de ganho de 340 GHz". Nature Photonics. 3 (1): 59-63.

[63]. Modine, Austin (2008). "Intel anuncia o detetor fotónico de silício mais rápido do mundo". O Registo. Arquivado do original em 10 de agosto de 2017.Recuperado em 10 de agosto de 2017.

[64]. Narasimha, A. (2008). "Um transcetor optoelectrónico QSFP de 40 Gb/s com tecnologia CMOS Si-on-insulator de 0,13 μm". Actas da Conferência de Comunicação por Fibra Ótica (OFC): OMK7. ISBN 978-1-55752-859-9. Recuperado em 14 de setembro de 2012.

[65]. Doerr, Christopher R.; et al. (2015). "Integração fotónica de silício nas telecomunicações". Em Yamada, Koji (ed.). Integração fotónica e convergência fotónica-eletrónica em silício. Vol. 3. Frontiers Media SA. p. 7.

[66]. Orcutt, Jason; et al. (2016). Fotónica monolítica de silício a 25 Gb/s. Conferência de Comunicação por Fibra Ótica. OSA. pp. Th4H.1. doi:10.1364/OFC.2016.Th4H.1.

[67]. Frederic, Boeuf; et al. (2015). Progresso recente em P&D e fabricação de fotónica de silício na plataforma de wafer de 300 mm. Conferência de Comunicação por Fibra Ótica. OSA.pp. W3A.1. doi:10.1364/OFC.2015.W3A.1.

[68]. Meindl, J. D. (2003). "Para além da Lei de Moore: a era da interconexão". Computing in Science & Engineering. 5 (1): 20-24.

[69]. Barwicz, T.; Byun, H.; Gan, F.; Holzwarth, C. W.; Popovic, M. A.; Rakich, P. T.; Watts, M. R.; Ippen, E. P.; Kärtner, F. X.; Smith, H. I.; Orcutt, J. S.; Ram, R. J.; Stojanovic, V.; Olubuyide, O. O.; Hoyt, J. L.; Spector, S.; Geis, M.; Grein, M.; Lyszczarz, T.; Yoon, J. U. (2006). "Fotónica de silício para interconexões compactas e eficientes em termos energéticos". Journal of Optical Networking. 6 (1): 63-73.

[70]. Orcutt, J. S.; et al. (2008). Demonstração de um circuito integrado eletrónico fotónico num processo CMOS a granel à escala comercial. Conferência sobre Lasers e Electro-

ótica/Quantum Electronics e Conferência sobre Ciência Laser e Aplicações Fotónicas Tecnologias de Sistemas.

[71]. https://www.anandtech.com/show/3834/intels-Si-photonics-50g-silicon-photonics-link

[72]. Sun, Chen; et al. (2015). "O microprocessador de chip único se comunica diretamente usando a luz". Natureza. 528 (7583): 534-538. Arquivado em 23 de junho de 2020. Recuperado em 2 de julho de 2019.

[73]. https://spectrum.ieee.org/silicon-photonics-stumbles-at-the-last-meter

[74]. Bowers, John E (2014). Lasers de semicondutores em silício. Conferência Internacional de Laser de Semicondutores de 2014 \ .IEEE.p. 29.

[75]. "Laser de silício híbrido - Investigação da plataforma Intel". Intel. Arquivado do original em 28 de junho de 2009. Recuperado em 14 de julho de 2009.

[76]. Rong, H; Liu, A; Jones, R; Cohen, O; Hak, D; Nicolaescu, R; Fang, A (2005). "Um laser Raman totalmente em silício". Nature. 433 (7023): 292-294.

[77]. Otterstrom, Nils T.; Behunin, Ryan O.; Kittlaus, Eric A.; Wang, Zheng; Rakich, Peter T. (8 de junho de 2018). "Um laser de Brillouin de silício". Ciência. 360 (6393): 1113-1116.

[78]. Borghino, Dario (2012). "A IBM integra ótica e eletrónica num único chip". Gizmag.com. Arquivado do original em 22 de abril de 2013. Recuperado em 20 de abril de 2013.

[79]. Simonite, Tom. "Intel revela tecnologia ótica para que os centros funcionem mais rápido | MIT Technology Review". Technologyreview.com. Arquivado do original em 5 de setembro de 2013. Recuperado em 4 de setembro de 2013.

[80]. Orcutt, Mike (2 de outubro de 2013) "A comunicação ótica baseada em grafeno pode tornar a computação mais eficiente. Arquivado 10 de maio de 2021 no Máquina Wayback. MIT Technology Review.

[81]. Analui, Behnam; Guckenberger, Drew; Kucharski, Daniel; Narasimha, Adithyaram (2006). "Um transcetor optoeletrônico de 20 Gb / s totalmente integrado implementado em uma tecnologia CMOS SOI padrão de 0,13 μm". Jornal IEEE de Circuitos de Estado Sólido. 41 (12): 2945-2955.

[82]. Boyraz, ÖZdal; Koonath, Prakash; Raghunathan, Varun; Jalali, Bahram (2004). "Comutação totalmente ótica e geração de contínuo em guias de ondas de silício". Optics Express. 12 (17): 40944102. Bibcode.

[83]. Vlasov, Yurii; Green, William M. J.; Xia, Fengnian (2008). "Redes ópticas em chip com interrutor de comprimento de onda Si-nanofotónico de alto rendimento". Nature Photonics. 2 (4): 242-246. doi:10.1038/nphoton.2008.31.

[84]. Foster, Mark A.; Turner, Amy C.; Salem, Reza; Gaeta, AlexanderL . (2007). "Si-nanowaveguides de conversão paramétrica de comprimento de onda de onda contínua de banda larga". Optics Express. 15 (20): 12949-12958.

[85]. "Após seis anos de planeamento, a Compass-EOS enfrenta a Cisco para fabricar routers extremamente rápidos". venturebeat.com. 12 de março de 2013. Arquivado do original em 5 de maio de 2013. Recuperado em 25 de abril de 2013.

[86]. Zortman, W. A. (2010). "Medição de Penalidade de Potência e Extração de Chirp de Frequência em Moduladores de Ressonador de Microdiscos de Silício". Conferência de Comunicação de Fibra Ótica pp. OMI7. doi:10.1364/OFC.2010.OMI7. ISBN 978-1-55752-885-8.

[87]. Biberman, Aleksandr; Manipatruni, Sasikanth; Ophir, Noam; Chen, Long; Lipson, Michal; Bergman, Keren (2010). "Primeira demonstração de transmissão de longo curso utilizando moduladores de microrresistência de silício". Optics Express. 18 (15): 15544-15552.

[88]. Bourzac, Katherine (11 de junho de 2015).

"O Magic Leap pode fazer o que afirma com US $ 592 milhões?".MIT Technology Review. Arquivado do original em 14 de junho de 2015.Recuperado em 13 de junho de 2015.

[89]. Ramey, Carl. "Fotônica de silício para aceleração de inteligência artificial". hotchips.org. Recuperado em 1 de julho de 2023.

[90]. Winzer P. Formatos avançados de modulação ótica. Proc IEEE (2006) 94:952-85. doi: 10.1109/jproc.2006.873438

[91]. Wellbrock G. Para onde vamos a partir daqui? Em: Workshop da OIDA sobre o estado da arte da fotónica integrada. Washington, DC (2014)

[92]. Wikipédia. Fabrico de dispositivos semicondutores (2008).

[93]. Doerr CR, Chen L, Vermeulen D, Nielsen T, Azemati S, Stulz S, et al. Transcetor coerente de 100 Gb/s em fotónica de silício de chip único. In: Conferência de Comunicação por Fibra Ótica: Postdeadline Papers. San Jose, CA (2014).

[94]. Taillaert D, Van Laere F, Ayre M, Bogaerts W, Van Thourhout D, Bienstman P, et al. Acopladores de grelha para acoplamento entre fibras ópticas e guias de onda nanofotónicos. Jpn J Appl. Phys. (2006) 45:6071-7.doi: 10.1143/JJAP.45.6071

[95]. Mekis A, Gloeckner S, Masini G, Narasimha A, Pinguet T. Uma plataforma fotónica CMOS com acoplador de grelha. J Sel Topics Quant Electron (2011) 17:597-608.

[96]. Chen L, Zhang L, Doerr CR, Dupuis N, Weimann NG, Kopf RF. Acopladores de grade de membrana eficientes em InP. IEEE Photon Tech Lett. (2010) 22:890-2.

[97]. Shoji T, Tsuchizawa T, Watanabe T, Yamada K, Morita H. Conversor de tamanho de modo de baixa perda de guias de onda de fio Si quadrado de 0,3 um para fibras monomodo. Electron Lett. (2002) 38:1669.

[98]. Chen L, Doerr CR, Chen YK, Liow TY. Acopladores cantilever de baixa perda e banda larga entre fibras clivadas padrão e guias de onda SiN ou Si de alto contraste de índice. IEEE Photon Tech Lett. (2010) 22:1744-6.

[99]. Yamazaki H, Yamada T, Goh T, Kaneko A, Sano A. Modulador PDM-QPSK integrado de 100 Gb/s utilizando uma técnica de montagem híbrida com PLCs à base de sílica e moduladores de fase LiNbO3. Em: Conferência e Exposição Europeia sobre Comunicações Ópticas Bruxelas: IEEE (2008). 1-4.

[100] . Fukuda H, Yamada K, Tsuchizawa T, Watanabe T, Shinojima H, Itabashi SI. Circuito fotónico de silício com diversidade de polarização. Opt Express (2008) 16:487.

[101] . Tang Y, Dai D, He S. Proposta de um guia de ondas de grelha que serve como divisor de polarização e acoplador eficiente para circuitos nanofotónicos de silício-sobre-isolador. IEEE Photonics Technol Lett. (2009) 21:242-4.

[102] . Taillert D, Chong H, Borel PI, Frandsen LH, Rue RMDL, Baets R. Um acoplador de grelha bidimensional compacto utilizado como divisor de polarização. IEEE Photonics Technol Lett. (2003) 15:1249-51.

[103] . Soref R, Bennett B. Efeitos electro-ópticos no silício. IEEE J Quantum Electron. (1987) 23:123-9.doi: 10.1109/JQE.1987.1073206

[104] . Zheng D, Smith B. Atenuador Si-photonic de eficiência melhorada. Opt Express (2008) 16:16754-65.

[105] . Dong P, Chen L. VOA-MUX integrado monoliticamente com monitores de potência baseados em plataforma fotónica de silício submicrónico. Opt Fiber Commun Los Angeles, CA: IEEE (2012) 9-11.

[106] . Thomson DJ, Gardes FY, Fedeli JM, Zlatanovic S, Hu Y, Ping B, et al. Modulador ótico de silício de 50 Gb/s. IEEE Photonics Technol Lett. (2012) 24:234-6.

[107] . Liu A, Jones R, Liao L, Samara-Rubio D, Rubin D. Um modulador ótico de silício de alta velocidade baseado em um capacitor semicondutor de óxido de metal. Nature (2004) 427:615.

[108] . Liu J, Beals M, Pomerene A, Bernardis S, Sun R, Cheng J, et al. Moduladores de electroabsorção Ge-Si de energia ultrabaixa integrados em guias de ondas. Nat Photonics

(2008) 2:433-7.

[109] . Liu M, Yin X, Ulin-Avila E, Geng B, Zentgraf T, Ju L, et al. Um modulador ótico de banda larga baseado em grafeno. Nature (2011) 474:64-7.

[110] . Ahn D, Hong Cy, Liu J, Giziewicz W, Beals M, Kimerling LC, et al. Fotodetectores Ge integrados em guias de ondas de elevado desempenho. Opt Express (2007) 15:3916-21.

[111] . Assefa S, Xia F, Bedell S, Zhang Y. Fotodetector de guia de ondas de germânio de 40 GHz integrado em CMOS para interconexões ópticas no chip. Em: Conferência de Comunicação por Fibra Ótica (2009). p. 10-2. Disponível em linha
em: http://www.opticsinfobase.org/abstract.cfm?id=177916

[112] . Kang Y, Liu H, Morse M, Paniccia M. Fotodiodos monolíticos de avalanche de germânio/silício com produto de largura de banda de ganho de 340 GHz. Nat Photonics (2008) 3:59-63.

[113] . Michel J, Camacho-aguilera RE, Cai Y, Patel N, Bessette JT, Dutt BR, et al. Um laser Ge-on-Si bombeado eletricamente. In: Conferência de Comunicação por Fibra Ótica. Los Angeles, CA: IEEE (2012). p. 5-7.

[114] . Purnawirman, Sun J, Adam TN, Leake G, Coolbaugh D, Bradley JDB, et al. Lasers de guia de onda dopados com érbio de banda C e L com cavidades de nitreto de silício em escala de wafer. Opt Lett. (2013) 38:2-5.

[115] . Liu AY, Zhang C, Norman J, Snyder A, Lubyshev D, Fastenau JM, et al. Lasers de pontos quânticos de 1,3 $\mu$ m de onda contínua de alto desempenho em silício. Appl Phys Lett. (2014) 104: 3-7.

[116] . Fang A, Park H, Cohen O, Jones R, Paniccia M. Laser evanescente híbrido AlGaInAs-silício bombeado eletricamente. Opt Express (2006) 14:9203-10.

[117] . Roelkens G, Brouckaert J, Van Thourhout D, Baets R, NoiLtzel R, Smit M. Ligação adesiva de matrizes de InPâLŢInGaAsP a bolachas de silício-sobre-isolador processadas utilizando DVS-bis-benzociclobuteno. J. Electrochem Soc. (2006) 153:G1015.

[118] . Marchena E, Creazzo T, Krasulick SB, Yu PKL, Van Orden D, Spann JY, et al. Laser CMOS sintonizável integrado. In: Optical Fiber Communication Conference (2013). Disponível online em: http://www.opticsinfobase.org/abstract.cfm?URI=oe-21-23-28048

[119] . Snyder B, Corbett B, O'Brien P. Integração híbrida do laser regulável em comprimento de onda com um circuito integrado fotónico de silício. J Lightwave Technol. (2013) 31:3934-42.

[120] . Jalas D, Petrov A, Eich M, Freude W, Fan S, Yu Z, et al. O que é e o que não é um isolador ótico. Nat Photonics (2013) 7:579.

[121] . Levy M, Osgood RMJr, Hegde H, Cadieu FJ, Wolfe R, Fratello VJ. Isoladores ópticos integrados com ímanes de película fina depositados por pulverização catódica. IEEE Photonics Technol Lett.
(1996) 8:903-5.

[122] . Shoji Y, Mizumoto T, Yokoi H, Hseih IW, Osgood R. Isolador magneto-ótico com guias de onda de silício fabricados por colagem direta. Appl Phys Lett. (2008) 92:071117.

[123] . Bhandare S, Ibrahim SK, Sandel D, Zhang H, Wust F, Noe R. Novo isolador ótico não magnético de banda lateral única de 30 dB integrado em material III/V. IEEE J Sel Top Quantum Electron. (2005) 11:417-21.

[124] . Doerr CR, Chen L, Vermeulen D. Isolador baseado em modulação de banda larga de fotónica de silício. Opt Express (2014) 22:4493.

[125] . Yee KS. Solução numérica de problemas de valor limite inicial envolvendo as equações de Maxwell em meios isotrópicos. Antennas Propagation IEEE Trans Livermore, CA: IEEE (1966). 302-7.

[126] . Bienstman P, Baets R. Modelação ótica de cristais fotónicos e VCSELs utilizando a expansão de modos próprios e camadas perfeitamente adaptadas. Opt Quantum Electron. (2001) 33:327-41.

[127] . Doerr CR. Método de domínio de tempo de diferença finita esparsa. IEEE Photonics

Technol Lett. (2013) 25:2259-62.

[128] . Doerr CR. Simulação 3D esparsa no domínio do tempo por diferença finita de circuitos integrados fotónicos de silício. In: Conferência de comunicação por fibra ótica. Los Angeles, CA (2015).

[129] . Narasimha A, Analui B, Liang Y, Membro S, Sleboda TJ, Abdalla S, et al. Um transcetor optoelectrónico DWDM 4 x 10-Gb / s totalmente integrado implementado numa tecnologia CMOS SOI padrão de 1,3 um. IEEE J Solid State Circ. (2007) 42:2736-44.

[130] . Doerr CR, Chen L, Buhl LL, Chen YK. Recetor CWDM SiO2/Si3N4/Si/Ge de oito canais. IEEE Photonics Technol Lett. (2011) 23:1201-03.

[131] . Doerr CR, Zhang L. Modulador monolítico de polarização dupla 80-Gb / s On-off-keying em InP. J Lightwave Technol. (2008) 2:19-21.

[132] . Doerr CR, Chen L. Recetor PDM-DQPSK monolítico em silício. Em: Optical Communication (ECOC), 2010 36th European Conference and Exhibition on (IEEE) (2010). p. 1-3. Disponível online em: http://ieeexplore.ieee.org/xpls/abs_all.jsp?arnumber=5621418

[133] . Doerr CR, Fontaine NK, Buhl LL. Recetor PDM DQPSK de silício com monitor integrado e número mínimo de controlos. IEEE Photonics Technol Lett. (2012) 24:697-9.

[134] . Doerr CR, Taunay TF. Recetor de diversidade de núcleo, comprimento de onda e polarização em fotónica de silício. IEEE Photonics Technol Lett. (2011) 23:597-9.

[135] . Doerr CR, Fontaine N, Hirano M, Sasaki T, Buhl L, Winzer P. Circuito integrado fotónico de silício para acoplamento a uma fibra multimodo com núcleo em anel para multiplexagem por divisão espacial.
Em: Conferência e Exposição Europeia sobre Comunicações Ópticas (2011). Disponível online em: http://www.opticsinfobase.org/abstract.cfm?URI=ECOC-2011-Th.13.A.3

[136] . Griffin R, Johnstone R, Walker R, Wadsworth S, Carter A, Wale M. Integrated DQPSK transmitter for dispersion-tolerant and dispersion-managed DWDM transmission. OFC 2003 Optical Fiber Communications Conference (2003). p. 7-8.

[137] . Dong P, Xie C, Chen L, Buhl LL, Chen YK. Modulador PDM-QPSK monolítico de 112 Gb/s em silício. Opt Express (2012) 20:B624-9.

[138] . Milivojevic B, Raabe C, Shastri A, Webster M, Metz P, Sunder S, et al. 112Gb / s DP- QPSK transmissão sobre 2427km SSMF usando modulador IQ fotónico de silício de tamanho pequeno e driver CMOS de baixa potência. In: Conferência de Comunicações de Fibra Ótica. San Jose, CA (2013). p. 5-7.

[139] Shastri A, Webster M, Jeans G, Metz P, Sunder S, Chattin B, et al. Demonstração experimental de geração de QAM-16 de polarização única de ultra-baixa potência de 56 Gb / s sem DAC usando fotónica CMOS. In: Conferência Europeia e Exposição sobre Comunicações Ópticas. Cannes (2014). p. 16-8.

[140] . Koch T, Koren U, Gnall R, Choa F, Hernandez-Gil F, Burrus C, et al. Recetor heteródino integrado de poços quânticos múltiplos GaInAs/GaInAsP. Electron Lett. (1989) 25:1621.

[141] . Takeuchi H, Kasaya K, Kondo Y, Yasaka H, Oe K, Imamura Y. Recetor coerente integrado monolítico em substrato InP. IEEE Photonics Technol Lett. (1989) 1:398.

[142] . Deri RJ, Pennings E, Scherer A, Gozdz A, Caneau C, Andreadakis N, et al. Integração monolítica ultracompacta de fotodetectores equilibrados de diversidade de polarização para receptores de ondas de luz coerentes. IEEE Photonics Technol Lett. (1992) 4:1238.

[143] . Bach H, Matiss A, Leonhardt CC, Kunkel R, Schmidt D, Schell M, et al. Híbrido monolítico de 90 ° com fotodiodos PIN balanceados para aplicações de recetor PM-QPSK de 100 Gbit / s. Conferência de Comunicação por Fibra Ótica (2009). p. 4-6.

[144] . Doerr CR, Zhang L, Winzer PJ. Recetor coerente monolítico de InP com vários comprimentos de onda utilizando uma grelha de guia de ondas com matriz quirpada. J Lightwave Technol. (2011) 29:536-41.

[145] . Doerr CR, Winzer PJ, Chen YK, Chandrasekhar S, Rasras MS, Chen L, et al. Recetor

coerente monolítico de polarização e diversidade de fase em silício. J Light-wave Technol. (2010) 28:520-5.doi: 10.1109/JLT.2009.202865.

[146] . www.lightwaveonline.com/14177636.

[147] . Página da Intute no Laser Focus World Recuperado em 26 de janeiro de 2007

[148] . "Laser Focus World ganha ouro no Folio Awards 2011 na cidade de Nova York". PennWell. 31 de janeiro de 2011. Recuperado em 29 de novembro de 2015.

[149] . Margalit, N. et al. Perspective on the future of silicon photonics and electronics. Appl. Phys. Lett. 118, 220501 (2021).

[150] . Khanna, A. et al. Escalonamento da complexidade na fotónica de silício. Na Conferência e Exposição de Comunicação por Fibra Ótica (OFC), 1-3 (2017).

[151] . Soref, R. A. & Lorenzo, J. P. Single-crystal silicon: a new material for 1.3 and 1.6 µm integrated-optical components. Electron. Lett. 21, 953-954 (1985).

[152] . Schmidtchen, J., Splett, A., Schuppert, B., Petermann, K. & Burbach, G. Guias de onda ópticos monomodo de baixa perda com grande secção transversal em silício-sobre-isolador. Electron. Lett. 27, 1486-1488 (1991).

[153] . Weiss, B. L., Reed, G. T., Toh, S. K., Soref, R. A. & Namavar, F. Optical waveguides in SIMOX structures. IEEE Photonics Technol. Lett. 3, 19-21 (1991).

[154] . Bestwick, T. ASOC - uma tecnologia de fabrico ótico integrado à base de silício. Em 1998 Proceedings. 48th Electronic Components and Technology Conference, 566-571 (1998).

[155] . Liu, A. et al. Um modulador ótico de silício de alta velocidade baseado num condensador semicondutor de óxido metálico. Nature 427, 615-618 (2004).

[156] . Liao, L. et al. Modulador mach-zehnder de silício de alta velocidade. Opt. Express 13, 3129-3135 (2005).

[157] . Liao, L. et al. Modulador ótico de silício de 40 Gbit/s para aplicações de alta velocidade. Electron. Lett. 43, 1196-1197 (2007).

[158] . Dehlinger, G. et al. Fotodíodos PIN laterais de alta velocidade de germânio-sobre-SOI. IEEE Photonics Technol. Lett. 16, 2547-2549 (2004).

[159] . Ahn, D. et al. Fotodetectores de Ge integrados em guias de ondas de elevado desempenho. Opt. Express 15, 3916-3921 (2007).

[160] . Vivien, L. et al. Fotodetector de germânio de alta velocidade e elevada capacidade de resposta integrado numa micro-guia de onda de silício-sobre-isolador. Opt. Express 15, 9843-9848 (2007).

[161] . Yin, T. et al. Fotodetectores de guia de ondas Ge n-i-p de 31 GHz em substrato de silício-sobre-isolador. Opt. Express 15, 13965-13971 (2007).

[162] . Fang, A. W. et al. Laser evanescente híbrido AlGaInAs-silício bombeado eletricamente. Opt. Express 14, 9203-9210 (2006).

[163] . Huang, A. et al. Um modulador fotónico de 10Gb/s e WDM MUX/DEMUX integrado com eletrónica em SOI CMOS de 0,13 µm. Em 2006 IEEE International Solid State Circuits Conference - Digest of Technical Papers, 922-929 (2006).

[164] . Narasimha, A., Analui, B., Liang, Y., Sleboda, T. J., Gunn, C. Um transcetor optoelectrónico DWDM de 4×10 Gb/s totalmente integrado num CMOS SOI de 0,13 µm padrão. Em 2007, Conferência Internacional de Circuitos de Estado Sólido do IEEE. Digest of Technical Papers, 42-586 (2007).

[165] . Dobbelaere, P. D. Transceptores de fotónica de silício para centros de dados em hiperescala: implantação e roteiro. Em 2016, Conferência Europeia sobre Comunicações Ópticas (2016).

[166] . Alduino, A. et al. Demonstração de uma ligação WDM de alta velocidade com 4 canais de fotónica de silício integrada com lasers de silício híbridos. Em Integrated Photonics Research, Silicon and Nano-photonics and Photonics in Switching, 5 (Optica Publishing Group, 2010).

[167] . Jones, R. et al. Fotónica InP/silício integrada de forma heterogénea: fabrico de transceptores totalmente funcionais. IEEE Nanotechnol. Mag. 13, 17-26 (2019).

[168] . Akhter, M. S. et al. Wavelight: uma plataforma de comunicação monolítica de baixa latência em fotónica de silício para a próxima geração de centros de dados em nuvem desagregados. Em 2017 IEEE 25th Annual Symposium on High-Performance Interconnects (HOTI), 25-28 (2017).

[169] . Wade, M. et al. Um chiplet de E/S ótica WDM de 1 Tbps sem erros e um laser multiportas com vários comprimentos de onda. Em Optical Fiber Communication Conference (OFC) 2021, 3-6 (Optica Publishing Group, 2021).

[170] . Fathololoumi, S. et al. CI fotónico de silício de 4 Tbps altamente integrado para conetividade de tecido de computação. Em 2022, Simpósio IEEE sobre Interconexões de Alto Desempenho (HOTI), 1-4 (2022).

[171] . Milivojevic, B. et al. 112Gb/s DP-QPSK transmission over 2427km SSMF using smallsize silicon photonic IQ modulator and low-power CMOS driver. Em Optical Fiber Communication Conference/National Fiber Optic Engineers Conference 2013, 1-1 (Optical Publishing Group, 2013).

[172] . Doerr, C. et al. Transcetor coerente de 100 Gb/s em fotónica de silício de chip único. Em Optical Fiber Communication Conference: Postdeadline Papers, 5-1 (Optica Publishing Group, 2014).

[173] . Ahmed, A. H. et al. Um driver de 6 V swing 3.6% THD> 40 GHz com extensão de largura de banda de 4.5 × para um transmissor fotônico de silício 16-QAM de 272 Gb / s de polarização dupla. Em 2019 IEEE International Solid-State Circuits Conference - (ISSCC), 484-486 (2019).

[174] . Iqbal, M. et al. Matrizes de biossensores sem rótulos baseadas em ressoadores de anel de silício e instrumentos de varrimento ótico de alta velocidade. IEEE J. Sel. Top. Quantum Electron. 16, 654-661 (2010).

[175] . Poulton, C. V. et al. 8192-element optical phased array with 100° steering range and flipchip CMOS. Em Conference on Lasers and Electro-Optics, 4-3 (Optical Publishing Group, 2020).

[176] . Riemensberger, J. et al. Alcance laser coerente maciçamente paralelo utilizando um solitão
microcomb. Nature 581, 164-170 (2020).

[177] . Zhang, X., Kwon, K., Henriksson, J., Luo, J. & Wu, M. C. Matriz de interrutor de plano focal de fotónica de silício em grande escala para direção de feixe ótico. Na Conferência de Comunicação por Fibra Ótica (OFC) 2021, 4-2 (Optica Publishing Group, 2021).

[178] . Zhang, X., Kwon, K., Henriksson, J., Luo, J. & Wu, M. C. A large-scale micro-elecomechanical-systems-based silicon photonics lidar. Nature 603, 253-258 (2022).

[179] . Rogers, C. et al. Um sensor de imagem 3D universal numa plataforma de fotónica de silício. Nature 590, 256-261 (2021).

[180] . Poulton, C. V. et al. Coherent lidar with an 8,192-element optical phased array and driving laser. IEEE J. Sel. Top. quantum Electron. 28, 1-8 (2022).

[181] . Raval, M., Yaacobi, A. & Watts, M. R. Sistema integrado de phased array de luz visível para projeção de imagens autoestereoscópicas. Opt. Lett. 43 15, 3678-3681 (2018).

[182] . Seok, T. J., Kwon, K., Henriksson, J., Luo, J. & Wu, M. C. Wafer-scale silicon photonic switches beyond die size limit. Optica 6, 490-494 (2019).

[183] . Ramey, C. Silicon photonics for artificial intelligence acceleration (Fotónica de silício para aceleração da inteligência artificial): Hot-chips 32. Em 2020, Simpósio IEEE Hot Chips 32 (HCS), 1-26 (2020).

[184] . Huang, C. et al. Uma rede neural fotónica-eletrónica de silício para compensação da não linearidade da fibra. Nat. Electron. 4, 837-844 (2021).

[185] . Shastri, B. J. et al. Photonics for artificial intelligence and neuro-morphic computing

(Fotónica para inteligência artificial e computação neuro-mórfica). Nat. Photonics 15, 102-114 (2021).

[186] . Bandyopadhyay, S. et al. Rede neural profunda fotónica de chip único com formação acelerada. Pré-impressão em https://arxiv.org/abs/2208.01623 (2022).

[187] . Ashtiani, F., Geers, A. J. & Aflatouni, F. Uma rede neural profunda fotónica on-chip para classificação de imagens. Nature 606, 501-506 (2022).

[188] . Bogaerts, W. et al. Circuitos fotónicos programáveis. Nature 586, 207-216 (2020).

[189] . Reed, B. D. et al. Sequenciação dinâmica de proteínas de molécula única em tempo real num dispositivo semicondutor integrado. Science 378, 186-192 (2022).

[190] . Michelogiannakis, G. et al. Efficient intra-rack resource disaggregation for HPC using copackaged DWDM photonics. Na Conferência Internacional do IEEE sobre Computação em Cluster (CLUSTER), 158-172 (2023).

[191] . Pinguet, T. et al. Plataforma de fabrico de grandes volumes para fotónica de silício. Proc.
IEEE 106, 2281-2290 (2018).

[192] . Bauters, J. F. et al. Silício numa plataforma de integração fotónica com guias de onda de perda ultra-baixa. Opt. Express 14, 544-555 (2013).

[193] . Lindenmann, N. et al. Ligação de circuitos fotónicos de silício a fibras com vários núcleos através da ligação de fios fotónicos. J. Light. Technol. 33, 755-760 (2015).

[194] . Cheng, L., Mao, S., Li, Z., Han, Y. & Fu, H. Y. Acopladores de grelha em fotónica de silício: princípios de conceção, tendências emergentes e questões práticas. Micro-machines 11, 666 (2020).

[195] . Blaicher, M. et al. Montagem híbrida multi-chip de motores de comunicação ótica por nano-litografia 3D in situ. Light Sci. Appl. 9, 71 (2020).

[196] . Israel, A. et al. Photonic plug for scalable silicon photonics packaging. in Optical Interconnects XX, Vol. 11286 (eds. Schröder, H. & Chen, R. T.) 1128607 (SPIE, 2020).

[197] . Taghavi, I. et al. Moduladores de polímeros em fotónica de silício: revisão e projecções. Nanophotonics 11, 3855-3871 (2022).

[198] . Sun, J. et al. Um modulador de microanel de silício PAM4 de 128 Gb/s com sintonização de ressonância termoóptica integrada. J. Light. Technol. 37, 110-115 (2019).

[199] . Yu, H. et al. Compensação entre a amplitude de modulação ótica e a largura de banda de modulação dos moduladores de microanéis de silício. Opt. Express 22, 15178-15189 (2014).

[200] . Murray, B., Antony, C., Talli, G. & Townsend, P. D. Pré-distorção para moduladores mach-zehnder fotónicos de silício de alta velocidade. IEEE Photonics J. 14, 1-11 (2022).

[201] . Wu, X. et al. Um transmissor NRZ/PAM-4 1V de 20 Gb/s em CMOS de 40 nm conduzindo um modulador fotónico Si- em CMOS de 0,13 μm. Na Conferência Internacional de Circuitos de Estado Sólido do IEEE, resumo de artigos técnicos. 128-129 (2013).

[202] . Talkhooncheh, A. H. et al. Um transmissor ótico PAM-4 integrado em 3D de 2,4 pJ/b 100 Gb/s com moduladores SiP MOSCAP segmentados e um controlador CMOS de 28 nm de 2 canais. Em IEEE
*Conferência Internacional de Circuitos de Estado Sólido (ISSCC), Vol. 65, 284-286 (2022).

[203] . Srinivasan, S. A. et al. Modulador de eletroabsorção de efeito Stark de banda O GeSi quântico confinado em guia de onda 60Gb / s. Em Optical Fiber Communication Conference (OFC) 2021, 1-3 (Optica Publishing Group, 2021).

[204] . Liang, D., Roelkens, G., Baets, R. & Bowers, J. E. Hybrid integrated platforms for silicon photonics. Materials 3, 1782-1802 (2010).

[205] . Weigel, P. O. et al. Modulador de niobato de lítio de película fina ligada numa plataforma de fotónica de silício que excede a largura de banda de modulação eléctrica de 100 GHz 3-dB. Opt. Express 26, 23728-23739 (2018).

[206] . Wang, Z. et al. Moduladores coerentes e de intensidade híbridos de silício-niobato de

lítio utilizando um elétrodo de ondas viajantes periódico carregado capacitivamente. ACS Photonics 9, 2668-2675 (2022).

[207]   . Roelkens, G. et al. Adhesive bonding of InP/InGaAsP dies to processed silicon-on-insulator wafers using DVS-bis-Benzocyclobutene. J. Electro-chem. Soc. 153, 1015. (2006).

[208]   . Mookherjea, S., Mere, V. & Valdez, F. Moduladores electro-ópticos de niobato de lítio de película fina: gravar ou não gravar. Appl. Phys. Lett. 122, 120501 (2023).

[209]   . Royter, Y. et al. Integração heterogénea densa para a tecnologia InP Bi-CMOS. Em 2009 IEEE International Conference on Indium Phosphide & Related Materials, 105-110 (2009).

[210]   . Tang, Y., Peters, J. D. & Bowers, J. E. Modulador de electroabsorção de silício híbrido com largura de banda superior a 67 GHz com elétrodo segmentado assimétrico para transmissão de 1,3 µm. Opt. Express 20, 11529-11535 (2012).

[211]   . Han, J.-H. et al. Eficiente modulador ótico MOS híbrido InGaAsP/Si de baixa perda. Nat. Photonics 11, 486-490 (2017).

[212]   . Hiraki, T. et al. Integração de um modulador Mach-Zehnder de elevada eficiência com um laser DFB utilizando dispositivos de membrana baseados em InP numa plataforma fotónica de Si. Opt. Express 29, 2431-2441 (2021).

[213]   . Eltes, F. et al. Um modulador electro-ótico de pockels à base de BaTiO3 integrado monoliticamente numa plataforma avançada de fotónica de silício. J. Light. Technol. 37, 1456-1462 (2019).

[214]   . Doerr, C. et al. Transcetor coerente de fotónica de silício num pacote de matriz de grelha esférica. Em 2017, Conferência e Exposição de Comunicações por Fibra Ótica (OFC), 1-3 (2017).

[215]   . Alloatti, L. et al. Modulador híbrido silício-orgânico de 100 GHz. Light Sci. Appl. 3, 173-173 (2014).

[216]   . Wang, C. et al. Moduladores electro-ópticos integrados de niobato de lítio que funcionam a tensões compatíveis com CMOS. Nature 562, 101-104 (2018).

[217]   . Burla, M. et al. Modulador Mach-Zehnder plasmónico de 500 GHz que permite a utilização de frequências sub-THz
fotónica de micro-ondas. APL Photonics 4, 056106 (2019).

[218]   . Li, M. et al. Laser de pockels integrado. Nat. Commun. 13, 5344 (2022).

[219]   . Wang, M. et al. Conjunto de laser de oito canais com espaçamento de canal de 100 GHz baseado em estruturas com ranhuras na superfície fabricadas por litografia padrão. Opt. Lett. 43, 4867-4870 (2018).

[220]   . Eschenbaum, C. et al. Modulador Mach-Zehnder híbrido de silício-orgânico (SOH) termicamente estável para transmissão PAM4 de 140 GBd com sinais de acionamento sub-1 V. Em 2022, Conferência Europeia sobre Comunicações Ópticas (ECOC), 1-4 (2022).

[221]   . Czornomaz, L. & Abel, S. Fotónica de silício reforçada com BTO - uma plataforma PIC escalável com modulação electro-ótica ultra-eficiente. Em 2022 Optical Fiber Communications Conference and Exhibition (FC), 1-3 (2022).

[222]   . Xu, H. et al. Conceção e síntese de cromóforos com actividades electro-ópticas melhoradas em dispositivos híbridos orgânicos plasmónicos e em massa. Mater. Horiz. 9, 261-270 (2022).

[223]   . Eltes, F. et al. Moduladores baseados em BTO de película fina que permitem taxas de dados de 200 Gb/s com sinal de acionamento inferior a 1 Vpp. Em Optical Fiber Communication Conference (OFC) 2023, 4-2 (Optica Publishing Group, 2023).

[224]   . Al-Qadasi, M. A., Chrostowski, L., Shastri, B. J. & Shekhar, S. Scaling up silicon photonic-based accelerators: challenges and opportunities. APL Photonics 7, 020902 (2022).

[225]   . Lu, Z., Murray, K., Jayatilleka, H. & Chrostowski, L. Interruptor termo-ótico de interferómetro de Michelson em SOI com um consumo de energia de 50 µW. IEEE Photonics Technol. Lett. 27, 2319-2322 (2015).

[226]   . Iseghem, L. V. et al. Deslocador de fase ótico de baixa potência utilizando a atuação

de cristais líquidos numa plataforma de fotónica de silício. Opt. Mater. Express 12, 2181-2198 (2022).

[227] . Notaros, M. et al. Moduladores de fase integrados de luz visível baseados em cristais líquidos. Opt. Express 30, 13790-13801 (2022).

[228] . Izraelevitz, J. et al. Medições básicas de desempenho do módulo de memória persistente Intel Optane DC. Pré-impressão em https://arxiv.org/abs/1903.05714 (2019).

[229] . Mukherjee, A., Saurav, K., Nair, P., Shekhar, S. & Lis, M. Um caso para memórias emergentes em aceleradores DNN. Em 2021 Conferência e Exposição de Design, Automação e Teste na Europa (DATE) 938-941 (2021).

[230] . Ríos, C. et al. Deslocador de fase não volátil ultracompacto baseado em materiais de mudança de fase transparentes eletricamente reprogramáveis. PhotoniX 3, 26 (2022).

[231] . Yang, X. et al. Elemento de comutação ótica não volátil possibilitado por material de mudança de fase de baixa perda. Adv. Funct. Mater. n/a, 2304601 (2023).

[232] . Feng, Y., Thomson, D. J., Mashanovich, G. Z. & Yan, J. Análise do desempenho de um dispositivo NOEMS de silício aplicado como modulador ótico baseado numa guia de ondas com ranhura. Opt.
Express 28, 38206-38222 (2020).

[233] . Pruessner, M. W. et al. Circuitos integrados fotónicos opto-mecânicos processados por fundição. OSA Contin. 4, 1215-1222 (2021).

[234] . Edinger, P. et al. Deslocadores de fase micro-electro-mecânicos de silício fotónico para fotónica programável escalável. Opt. Lett. 46, 5671-5674 (2021).

[235] . Baghdadi, R. et al. Deslocador de fase NOEM de modo de ranhura dupla. Opt. Express 29, 19113-19119 (2021).

[236] . Midolo, L., Schliesser, A. & Fiore, A. Nano-opto-electro-mechanical systems. Nat. Nanotechnol. 13, 11-18 (2018).

[237] . Jo, G. et al. MEMS fotónicos de silício hermeticamente selados ao nível da bolacha. Photon. Res. 10, 1421 (2022).

[238] . Ortmann, J. E. et al. Sintonização de potência ultrabaixa em dispositivos electro-ópticos híbridos de titanato de bário-nitreto de silício em silício. ACS Photonics 6, 2677-2684 (2019).

[239] . Sorianello, V., Contestabile, G. & Romagnoli, M. Graphene on silicon modulators. J. Light. Technol. 38, 2782-2789 (2020).

[240] . Gui, Y. et al. Moduladores ITO compactos de GHz integrados em PIC monolíticos. Em CLEO 2023, 1-6 (Optica Publishing Group, 2023).

[241] . Nezami, M. S. et al. Considerações sobre embalagem e interconexão em aceleradores fotónicos neuromórficos. IEEE J. Sel. Top. Quantum Electron. 29, 1-11 (2023).

[242] . Duan, J. et al. Propriedades dinâmicas e não lineares de lasers de pontos quânticos epitaxiais em silício para integração sem isolador. Photonics Res. 7, 1222-1228 (2019).

[243] . Zhang, Y. et al. Integração monolítica de isoladores ópticos de banda larga para fotónica de silício diversificada por polarização. Optica 6, 473-478 (2019).

[244] . Doerr, C. R., Chen, L. & Vermeulen, D. Isolador baseado em modulação de banda larga para fotónica de silício. Opt. Express 22, 4493-4498 (2014).

[245] . Shoman, H. et al. Laser estável e de largura de linha reduzida através do cancelamento ativo de reflexões sem um isolador magneto-ótico. J. Light. Technol. 39, 6215-6230 (2021).

[246] . Jin, W. et al. Lasers de semicondutores com largura de linha de Hertz utilizando micro-ressonadores de Q ultra-elevado prontos para CMOS. Nat. Photonics 15, 346-353 (2021).

[247] . Billah, M. R. et al. Integração híbrida de circuitos fotónicos de silício e lasers InP por ligação de fios fotónicos. Optica 5, 876-883 (2018).

[248] . Song, B., Stagarescu, C., Ristic, S., Behfar, A. & Klamkin, J. Laser de silício híbrido integrado em 3D. Opt. Express 24, 10435-10444 (2016).

[249] . Guan, H. et al. Laser de cavidade externa híbrido III-V/silício, de largura de linha estreita e amplamente sintonizável, para comunicações coerentes. Opt. Express 26, 7920-7933 (2018).

[250] . Zhang, J. et al. Integração baseada na impressão por transferência de um laser de realimentação distribuída III-V-sobre-silício. Opt. Express 26, 8821-8830 (2018).

[251] . Li, B. et al. Atingir a coerência fibra-laser em fotónica integrada. Opt. Lett. 46, 52015204 (2021).

[252] . Guo, J. et al. Laser em chip com largura de linha integrada de 1-Hertz. Sci. Adv. 8, 9006 (2022).

[253] . Koch, B.R. et al. Fontes laser fotónicas integradas de silício para telecomunicações e comunicação de dados.
In 2013 Optical Fiber Communication Conference and Exposition and the National Fiber Optic Engineers Conference (OFC/NFOEC), 1-3 (2013).

[254] . Liang, D., Huang, X., Kurczveil, G., Fiorentino, M. & Beausoleil, R. G. Micro-anel laser integrado e finamente sintonizável em silício. Nat. Photonics 10, 719-722 (2016).

[255] . Kondratiev, N. M. et al. Avanços recentes no bloqueio por auto-injeção de laser para microrressonadores de alta qualidade. Front. Phys. 18, 21305 (2023).

[256] . Liu, A. Y. et al. Fiabilidade dos lasers de pontos quânticos InAs/GaAs crescidos epitaxialmente em silício. IEEE J. Sel. Top. Quantum Electron. 21, 690-697 (2015).

[257] . Norman, J. C., Jung, D., Wan, Y. & Bowers, J. E. Perspective: O futuro dos circuitos integrados fotónicos de pontos quânticos. APL Photonics 3, 030901 (2018).

[258] . Chang, L., Liu, S. & Bowers, J. E. Integrated optical frequency comb technologies. Nat. Photonics 16, 95-108 (2022).

[259] . Liu, S. et al. Laser de pontos quânticos de 20 GHz passivamente bloqueado por modo de alta contagem de canais crescido diretamente em Si com capacidade de transmissão de 4,1 Tbit / s. Optica 6, 128-134 (2019).

[260] . Chen, C.-H. et al. Um transmissor fotónico de silício DWDM com pente laser baseado em moduladores de micro-anel. Opt. Express 23, 21541-21548 (2015).

[261] . Jayatilleka, H. et al. Crosstalk in SOI microring resonator-based filters. J. Light. Technol. 34, 2886-2896 (2016).

[262] . Chowdhury, A. et al. Fotodíodo de avalanche de elevado desempenho numa tecnologia fotónica monolítica de silício. Em 2022, Conferência e Exposição de Comunicações por Fibra Ótica (OFC), 1-3 (2022).

[263] . Benedikovic, D. et al. Receptores de avalanche de silício-germânio com consumo de energia de fJ/bit. IEEE J. Sel. Top. Quantum Electron. 28, 1-8 (2022).

[264] . Kang, Y. et al. Fotodíodos de avalanche monolíticos de germânio/silício com produto de largura de banda de ganho de 340 GHz. Nat. Photonics 3, 59-63 (2009).

[265] . Nayak, S. et al. Um recetor optoelectrónico de 10 Gb/s com sensibilidade de -18,8 dBm e 5,7 mW totalmente integrado com fotodetector de avalanche em CMOS de 0,13 µm. IEEE Trans. Circuits Syst. I: Regul. Pap. 66, 3162-3173 (2019).

[266] . Wang, B. & Mu, J. Fotodíodos de avalanche Si-Ge de alta velocidade. PhotoniX 3, 8 (2022).

[267] . Sakib, M. et al. Um fotodetector de microanel de 112 Gb/s totalmente em silício para aplicações de comunicação de dados. Em 2020, Conferência e Exposição de Comunicações por Fibra Ótica (OFC), 1-3 (2020).

[268] . Peng, Y. et al. Fotodíodos de avalanche de microrresistência totalmente em silício com uma resposta >65 A/W. Opt. Lett. 48, 1315-1318 (2023).

[269] . Ji, X. et al. Linha de atraso fotónico sintonizável no chip. APL Photonics 4, 090803 (2019).

[270] . Hong, S. et al. Espirais e linhas de atraso de guias de ondas fotónicas de silício compactas com perdas ultrabaixas. Photon. Res. 10, 1-7 (2022).

[271] . Xiang, C. et al. A integração 3D permite lasers sem isolador de ruído ultrabaixo em

fotónica de silício. Nature 620, 78-85 (2023).

[272]   . Shekhar, S. Fotónica de silício: um breve tutorial. IEEE Solid-State Circuits Mag. 13, 22-32 (2021).

[273]   . Li, J., Lee, H. & Vahala, K. J. Sintetizador de micro-ondas usando um oscilador Brillouin no chip. Nat. Commun. 4, 2097 (2013).

[274]   . Lau, J. H. Avanços recentes e tendências em embalagens avançadas. Em IEEE Transactions on Components, Packaging and Manufacturing Technology, Vol. 12, 228-252 (2022).

[275]   . Bogaerts, W. & Chrostowski, L. Design de circuitos de fotónica de silício: métodos, ferramentas e desafios. Laser Photonics Rev. 12, 1700237 (2018).

[276]   . Xing, Y., Dong, J., Khan, U. & Bogaerts, W. Capturing the effects of spatial process variations in silicon photonic circuits. ACS Photonics 10, 928-944 (2023).

[277]   . Stojanovic, V. et al. Plataformas monolíticas de silício-fotónica em processos CMOS SOI de última geração. Opt. Express 26, 13106-13121 (2018).

[278]   . Gunn, C. CMOS photonics for high-speed interconnects (Fotónica CMOS para interligações de alta velocidade). IEEE Micro 26, 58-66 (2006).

[279]   . Zimmermann, L. et al. Plataforma fotónica de silício BiCMOS. Em 2015, Conferência e Exposição de Comunicações por Fibra Ótica (OFC), 1-3 (2015).

[280]   . Rakowski, M. et al. 45 nm CMOS - silicon photonics monolithic technology (45CLO) for next-generation, low power and high speed optical interconnects. Em 2020, Conferência e Exposição de Comunicações por Fibra Ótica (OFC), 1-3 (2020).

[281]   . Giewont, K. et al. Tecnologia de fundição de fotónica de silício monolítico de 300 mm. IEEE J. Sel. Top. Quantum Electron. 25, 1-11 (2019).

[282]   . Idjadi, M. H. & Aflatouni, F. Sistema integrado de estabilização de laser Pound-Drever-Hall em silício. Nat. Commun. 8, 1209 (2017).

[283]   . Moazeni, S. et al. Um transmissor PAM-4 de 40 Gb / s baseado em um DAC ótico de ressonador de anel em SOI CMOS de 45 nm. IEEE J. Solid-State Circuits 52, 3503-3516 (2017).

[284]   . Zanetto, F. et al. Controlo multiplexado no tempo de circuitos fotónicos de silício programáveis possibilitado por eletrónica CMOS monolítica. Laser Photonics Rev. 17, 2300124 (2023).

[285]   . Ahmed, A. H. et al. Um front-end de recetor coerente de silício-fotónico de dupla polarização que suporta 528 Gb/s/comprimento de onda. IEEE J. Solid-State Circuits, 1-12 (2023).

[286]   . Rakowski, M. et al. Tecnologia híbrida FinFET de 14 nm - fotónica de silício para E/S ótica Tb/s/mm2 de baixa potência. Em 2018 IEEE Symposium on VLSI Technology, 221-222 (2018).

[287]   . Boeuf, F. et al. Uma plataforma fotónica de silício compatível com 3D de múltiplos comprimentos de onda em bolachas SOI de 300 mm para aplicações de 25 Gb/s. Em 2013 IEEE International Electron Devices Meeting, 13-311334 (2013).

[288]   . De Dobbelaere, P. et al. Plataforma tecnológica avançada de fotónica de silício que aproveita uma cadeia de fornecimento de semicondutores. Em 2017 IEEE International Electron Devices Meeting (IEDM), 34-113414 (2017).

[289]   . Uzoh, C.E. Through-dielectric-vias (TDVs) para circuitos integrados 3D em silício. In United States Patent Application, 2016-03436131 (2016).

[290]   . Kim, T. et al. Um phased array ótico de chip único em uma plataforma de integração 3D de fotónica de silício / CMOS em escala de wafer. IEEE J. Solid-State Circuits 54, 3061-3074 (2019).

[291]   . Ahmed, M. G. et al. Um recetor ótico de 16-Gb/s -11,6-dBm OMA com sensibilidade de 0,7-pJ/bit em CMOS de 65-nm ativado por amostragem duobinária. IEEE J. Solid-State Circuits 56, 27952803 (2021).

[292]   . Ahmed, A. H. et al. Um transmissor coerente fotónico de silício de dupla polarização

que suporta 552 Gb/s/comprimento de onda. IEEE J. Solid-State Circuits 55, 2597-2608 (2020).

[293] . Morsy-Osman, M. et al. Transcetor DSP-free coherent-lite para a próxima geração de interconexões ópticas intra-datacenter de comprimento de onda único. Opt. Express 26, 8890-8903 (2018).

[294] . Hirokawa, T. et al. Analog coherent detection for energy efficient intra-data center links at 200 Gbps per wavelength. J. Light. Technol. 39, 520-531 (2021).

[295] . Lee, B. G. & Dupuis, N. Silicon photonic switch fabrics: Tecnologia e arquitetura. J. Light. Technol. 37, 6-20 (2019).

[296] . Beutel, F. et al. Recetor QKD multiplexado por divisão de comprimento de onda de quatro canais totalmente integrado. Optica 9, 1121-1130 (2022).

[297] . Vigliar, C. et al. Qubits protegidos contra erros num chip fotónico de silício. Nat. Phys. 17, 11371143 (2021).

[298] . Guo, Z. et al. Codificação e descodificação multinível num processador tensor fotónico escalável com um compilador de multiplicação de matriz geral fotónica (GeMM). IEEE J. Sel. Top. Quantum Electron. 28, 1-14 (2022).

[299] . Tait, A. N. et al. Controlo de realimentação para bancos de pesos de microrresistência. Opt. Express 26, 2642226443 (2018).

[300] . Liu, Y., Marpaung, D., Choudhary, A., Hotten, J. & Eggleton, B. J. Link performance optimization of chip-based Si3N4 microwave photonic filters. J. Light. Technol. 36, 43614370 (2018).

[301] . Liang, W. et al. Giroscópio microfotónico ressonante. Optica 4, 114-117 (2017).

[302] . Li, A. et al. Avanços em espectrómetros integrados rentáveis. Light Sci. Appl. 11, 174 (2022).

[303] . Zilkie, A. J. et al. Plataforma fotónica de silício multimicrónico para circuitos integrados fotónicos altamente fabricáveis e versáteis. IEEE J. Sel. Top. Quantum Electron. 25, 1-13 (2019).

[304] . Puumala, L. S. et al. Biofuncionalização de biossensores fotónicos de silício multiplexados. Biosensors 13, 53 (2023).

[305] . Adamopoulos, C. et al. Sensor eletrônico-fotônico totalmente integrado para deteção de índice de refração sem rótulo no processo CMOS-SOI avançado de mudança zero. Em 2021, Conferência de Circuitos Integrados Personalizados do IEEE (CICC), 1-2 (2021).

[306] . Chrostowski, L. et al. Uma arquitetura de sensor de campo evanescente fotónico de silício utilizando um laser de comprimento de onda fixo. Em Optical Interconnects XXI, Vol. 11692, 116920 (SPIE, 2021).

[307] . Rank, E. A. et al. Toward optical coherence tomography on a chip: imagiologia tridimensional in vivo da retina humana utilizando grelhas de guia de ondas em matriz baseadas em circuitos integrados fotónicos. Light Sci. Appl.

# Capítulo 10

# Conclusões

A vantagem apregoada da fotónica de silício é o facto de as matrizes terem um custo inferior ao de qualquer outra solução. Embora isto possa ser verdade, é de ajuda limitada em aplicações de curto alcance, em que a falta de um laser integrado coloca a fotónica de silício numa desvantagem significativa em comparação com os operadores históricos, como os VCSEL e os DML. Em vez disso, as vantagens menos divulgadas da fotónica de silício: elevado rendimento, baixa sensibilidade à temperatura do modulador, elevada resistência do chip e capacidade de manipulação da polarização; tornam-na ideal para aplicações metropolitanas e de longo curso. Passando a sua adolescência nas aplicações metropolitanas e de longo curso, a fotónica de silício terá tempo para desenvolver métodos maduros de integração de laser, serviços de fundição mais rotineiros e soluções de embalagem sofisticadas, para que possa mais tarde enfrentar os operadores históricos de curto alcance. Nessa altura, a transmissão coerente poderá ser suficientemente eficaz em termos de custos e de potência para funcionar em ligações muito curtas, trazendo as suas vantagens de elevada sensibilidade, elevada eficiência espetral, modulação de ordem elevada e seleção do comprimento de onda.

A fotónica de silício tornou-se uma tecnologia dominante impulsionada pelos avanços nas comunicações ópticas. A geração atual conduziu a uma proliferação de dispositivos fotónicos integrados de milhares para milhões - principalmente sob a forma de transceptores de comunicação para centros de dados. Estão a surgir produtos em muitas aplicações interessantes, como a deteção e a computação.

# I want morebooks!

Buy your books fast and straightforward online - at one of world's fastest growing online book stores! Environmentally sound due to Print-on-Demand technologies.

Buy your books online at
**www.morebooks.shop**

Compre os seus livros mais rápido e diretamente na internet, em uma das livrarias on-line com o maior crescimento no mundo! Produção que protege o meio ambiente através das tecnologias de impressão sob demanda.

Compre os seus livros on-line em
**www.morebooks.shop**

Printed by Books on Demand GmbH, Norderstedt / Germany